Table des matières

Résumé..i

Introduction générale..1

Les principes de la Supply Chain.......................................3

Supply & Demand Planning...13

L'achat et l'approvisionnement..33

La gestion de production 59

Les opérations d'entreposage...98

Les opérations de transport..134

Conclusion générale...170

Références bibliographiques..171

Résumé

Le supply chain management est très important pour l'entreprise. L'objectif de n'importe quelle entreprise est d'augmenter sa rentabilité et son chiffre d'affaires. Ceci n'est possible que si elle réussit à réduire ses coûts. Les coûts de la supply chain représente environ 60%-90% des coûts totaux c'est pourquoi c'est indispensable de savoir comment sa chaîne d'approvisionnement. Plus la gestion est efficace plus l'entreprise est rentable.

Cette gestion n'est pas facile à maîtriser car elle se compose de plusieurs fonctions fondamentales : Demand planning, prévisions des ventes, achat, approvisionnement, production, gestion et pilotage des stocks, gestion d'entreposage, et transport. En plus, ça nécessite également des connaissances solides et des compétences avancées comme la maîtrise de la demande, la validation des bonnes prévisions de la demande, la négociation avec les fournisseurs, la planification de la production, les politiques de la gestion des stocks et les types d'entreposage et enfin l'optimisation des coûts de transport.

De surcroît, il faut bien maîtriser les outils et les logiciels qui permettent de faciliter la gestion de la supply chain comme WMS (Warehouse Management System), TMS (Transportation Management System), AUTOCAD,...

L'objectif de ce livre est de vous permettre d'avoir une excellente compréhension de toutes les fonctions de la supply chain : prévisions de la demande, l'achat, l'approvisionnement, la production, la gestion des stocks, la gestion d'entreposage et le transport. C'est pourquoi ce livre qui est le fruit de cinq mois de travail est distingué par rapport aux autres ouvrages.

Cet ouvrage est considéré comme un guide pour les chefs d'entreprises, les directeurs de la supply chain, les managers e également pour les étudiants : notre génération future qui prendra la main par la suite pour diriger leurs entreprises.

Mots clés : Demand planning, achat, approvisionnement, production, gestion des stocks, entreposage, transport.

Introduction générale

La gestion de la chaîne d'approvisionnement peut être définie comme la gestion du flux de produits et de services, qui commence à l'origine des produits et se termine à la consommation du produit. Il comprend également le mouvement et le stockage des matières premières qui sont impliquées dans les travaux en cours, l'inventaire et les marchandises entièrement fournies.

L'objectif principal de la gestion de la chaîne d'approvisionnement est de surveiller et de relier la production, la distribution et l'expédition des produits et des services. Cela peut être fait par des entreprises ayant une très bonne et étroite emprise sur les stocks internes, la production, la distribution, les productions internes et les ventes.

Les partenaires de la chaîne d'approvisionnement travaillent en collaboration à différents niveaux pour maximiser la productivité des ressources, élaborer des processus normalisés, éliminer les efforts en double et réduire au minimum les niveaux d'inventaire.

Les managers de la supply chain ont pour rôle de collaborer avec tous les services clés de l'entreprise c'est pourquoi ce pôle nécessite de l'expertise et de l'expérience pour le maîtriser. Le supply chain manager est le centre d'intérêt des maillons de l'entreprise car il collabore avec le service commercial, le service marketing, le service de production, le service d'approvisionnement et le service de transport. Donc la supply chain est le moteur de l'entreprise ; si la supply chain est efficace l'entreprise est plus rentable.

A propos ce livre, il est composé de six parties principales qui couvrent tous les aspects de la supply chain : la première partie est dédiée pour définir la supply chain et la gestion de la supply chain. Nous allons également découvrir les maillons de la supply chain. La deuxième partie est dédiée pour définir les deux notions supply planning et Demand planning, identifier les facteurs qui peuvent impacter la demande, découvrir le processus de la demande, établir des prévisions, réduire l'incertitude sur la demande et créer un plan de demande efficace pour pourvoir couvrir les besoins des clients. La troisième partie est consacrée pour l'achat et l'approvisionnement. Nous allons découvrir la différence entre l'achat et l'approvisionnement et les différents types d'approvisionnement et d'achat, évaluer les fournisseurs et maîtriser les stratégies et les techniques de négociation avec ses fournisseurs pour gagner les offres de marché. La quatrième partie a pour objectif de vous apprendre à comment gérer la production ; différencier la production poussée et la production tirée, créer un processus de planification de production, comment réussir à équilibrer entre la charge et la capacité de production, établir le PDP, mesurer la performance de la production et découvrir le rôle de la technologie dans la production. Nous allons parler dans la cinquième partie des opérations d'entreposage ; cette partie est pour savoir les activités de réception des marchandises, comment planifier les véhicules de livraison, contrôler les produits quantitativement et qualitativement, savoir le rôle d'étiquetage, déterminer les types de stockage et découvrir l'importance de la méthode de Pareto ABC dans le stockage. Dans la dernière partie, nous parlerons des opérations de transport ; nous allons maîtriser comment différencier entre les coûts fixes et les coûts variables, découvrir les modèles des prix de transport, définir les transitaires et 3PL, savoir le règlement de la sécurité routière et savoir comment optimiser les coûts de transport.

    Chaque partie est accompagnée par des exemples concrets pour vous permettre de faciliter la compréhension des notions de la supply chain. Nous allons parler des stratégies des grandes entreprises comme Walmart, UPS, FedEx, Apple et d'autres grandes entreprises.

1. Les principes de la Supply Chain

1. Définition de la Supply Chain :

La Supply Chain appelée aussi chaîne d'approvisionnement en français est la transformation des matières premières et des composants en des produits finis qui seront livrés par la suite jusqu'au client final.

La Supply Chain est un système d'intégration qui se compose des organisations, personnes, flux informatiques, flux financiers et des ressources physiques qui ont pour rôle de transférer le produit ou le service de fournisseur jusqu'au client. Elle globe toutes les activités d'approvisionnement, de la production et de la logistique (transport, entreposage et la gestion des inventaires). C'est une coordination et collaboration entre plusieurs entités comme les fournisseurs intermédiaires, la logistique tierce partie (l'externalisation de la Supply Chain comme transport, entreposage...), les clients...

Elle est un réseau des fonctions qui débutent par un Demand Planning (planification de la demande) et se terminent par livrer le produit fini au client final donc sans une planification de la demande l'entreprise ne peut pas poursuivre son approvisionnement, gérer les stocks,... car c'est le Demand Plan qui identifie ce dont on aura besoin. Les fonctions de la Supply Chain dont on a parlé sont :

- Demand Planning.
- Gestion d'approvisionnement et d'achat.
- Gestion des stocks.
- Entreposage.
- Gestion de la production.
- Transport.
- Service à la clientèle.

La gestion de la chaîne d'approvisionnement ou la Supply Chain Management en anglais nécessite la considération de plusieurs fonctions et activités indispensables pour transférer la matière première en un produit fini livré par la suite au client final ou consommateur. Ces activités incluent :

- Approvisionnement des matières premières (MP) et des composants.
- Production et assemblage.
- Entreposage et contrôle d'inventaire.
- Gestion des commandes.
- Personnalisation des produits et emballage.
- Livraison aux clients finaux.
- Gestion des relations avec les fournisseurs.
- Gestion des relations avec les clients.
- Maintien d'un système d'information pour le suivi de toutes les activités mentionnées ci-dessus.

2. La stratégie de la Supply Chain :

Actuellement, la gestion de la chaîne d'approvisionnement est une partie essentielle pour la création d'une stratégie d'entreprise. Cette dernière a pour rôle d'identifier les marchés cibles en faisant une étude et une analyse du marché pour que l'entreprise décide ensuite d'être compétitive sur le prix, le service, la qualité, le délai de livraison, l'innovation ou une combinaison de ceux-ci.

Par exemple, Walmart, une société américaine spécialisée dans la grande distribution, suit une stratégie à faible coût sur tous les produits chaque jour. Les consommateurs peuvent trouver les produits vendus par Walmart dans d'autres points de vente mais plus chers et ceci réside la puissance de Walmart, de livrer aux clients des produits à bas prix. En plus, Walmart a sa flotte des camions ce qui lui permet de desservir tous les points des ventes, contrôler le flux et la disponibilité des produits par elle-même. Cependant, certains clients peuvent acheter des produits vendus par d'autres points de vente car ils offrent des produits uniques et des services supplémentaires personnalisés donc un service meilleur. Donc chaque entreprise adapte la stratégie qui lui permet de rester compétitive et arracher une part du marché dans cet environnement volatil. L'essentiel est que les fonctions et les activités de la Supply Chain : approvisionnement, production, finance, recherche et développement... doivent contribuer à atteindre les objectifs de la stratégie de l'entreprise.

Dans la partie suivante, nous allons s'intéresser aux activités principales de la Supply Chain pour en parler davantage : Demand Planning, Approvisionnement, Entreposage, Gestion d'inventaire, Production, Transport et le Service à la clientèle.

3. Demand Planning :

Les prévisions de la demande estiment les besoins de l'entreprise et représentent les bases de la planification de la demande. Les prévisions des ventes définissent les besoins des clients dans les prochaines périodes (semaines, mois ou années selon la stratégie de l'entreprise). Ensuite, selon ces besoins, l'entreprise commence à élaborer le plan industriel et commercial pour identifier l'inventaire et les ressources nécessaires pour préparer les besoins prévus des clients.

Dans le but de bien comprendre à quoi consiste le Demand Plan tenons l'exemple d'un boulanger qui vend des pains, des gâteaux et des biscuits. Il estime le nombre des gâteaux, des biscuits et des pains que ses clients vont acheter par taille et par type. Après, en partant de la quantité prévue à préparer, il doit la traduire en matières premières et en ressources nécessaires pour la fabrication de ces produits voulus par ses clients. De ce fait, la prévision de la demande concerne que les produits finis mais le Demand Plan concerne les matières premières, les équipements : fours, mixeurs,... et les ressources nécessaires pour préparer la quantité prévue.

Le Demand Planning est le processus de planification des matériaux et des ressources nécessaires à l'approvisionnement et à la production pour soutenir les prévisions de ventes. Ce processus est déclenché après la validation des prévisions des ventes des produits finis. Le plan commence à préparer les demandes d'approvisionnement en matières premières et en matériaux. L'entreprise identifie également les ressources nécessaires à la fabrication de la demande que ce soit matérielles ou humaines. Le but de ce plan est d'assurer un équilibre entre la charge (la demande prévue par les clients) et la capacité de l'entreprise. Cet équilibre permet d'optimiser les niveaux de stock pour répondre au processus de la production car un stock excessif est coûteux et il risque d'être obsolète s'il dépasse sa date de fin d'expiration.

4. L'approvisionnement :

Après avoir élaboré le Demand Plan, le service d'approvisionnement connaît les exigences nécessaires : ce qu'il doit acheter et quand il doit passer des commandes d'approvisionnement grâce à la transmission des données par un ERP system. L'approvisionneur ou l'acheteur reçoit les demandes d'achat, négocie avec les fournisseurs sur les prix d'achat et la livraison, évalue leurs réponses avec un système d'évaluation pour opter finalement à la meilleure valeur qui optimise les coûts d'achat. La fonction principale d'un acheteur est la négociation avec les fournisseurs pour identifier les avantages et les risques de travailler avec des fournisseurs surtout lorsqu'il s'agit d'une négociation internationale avec des fournisseurs dans différents pays. Ce métier nécessite d'être réactif face aux événements inattendus qui peuvent impacter la livraison de la commande d'achat dans les meilleurs délais comme la grève, les catastrophes naturelles, les conflits militaires, les guerres, les virus (covid-19 aujourd'hui)...

5. L'entreposage :

Une fois les commandes d'achats reçues de la part des fournisseurs, les biens et les matériaux seront stockés dans des entrepôts (ou Warehouses en anglais) : le responsable d'entrepôt décharge les camions et inspectent tous les produits pour vérifier qu'il n'y a pas des produits endommagés au cours du transport et les stocker pour les utiliser en cas de besoin. Le responsable d'entrepôt livre la quantité des produits nécessaire au service de production pour qu'il lance la fabrication des produits finis. Une fois les produits finis préparés, ils peuvent être stockés dans l'entrepôt ou emballés pour être livrés immédiatement aux clients. Pour être plus rentable, l'entreprise cherche toujours à minimiser les coûts de stockage c'est pourquoi de nos jours on peut constater que plusieurs entreprises disposent d'un système de manutention automatisé sophistiqué qui permet de ranger les produits dans l'entrepôt.

Les entrepôts qui fonctionnent comme des centres de distribution proposent des services supplémentaires comme le Cross-Docking ou le passage à quai en français qui permet de déplacer directement les produits entrants dans les camions sortants sans besoin de les stocker. Alors cette méthode accélère l'expédition et la préparation des commandes s'il est bien géré.

6. La gestion d'inventaire :

La gestion des stocks est une fonction cruciale pour la Supply Chain car l'entreprise doit identifier la quantité stockée et les coûts de stockage. C'est un contrôle obligatoire des biens, des matériaux et des produits finis pour être plus rentable et profitable. L'objectif de ce contrôle est de réduire les niveaux de stocks pour être plus compétitif car les coûts d'inventaire sont souvent les plus importants dans l'entreprise c'est pourquoi les entreprises utilisent le système ERP aujourd'hui pour surveiller la disponibilité des stocks à tous les niveaux des matières premières aux produits finis.

L'entreprise a besoin de savoir la performance de son inventaire pour savoir si elle est rentable donc il faut qu'il y ait un indicateur de performance qui peut la renseigner : cet indicateur est appelé : inventory turns ou stock turnover ou la rotation des stocks c'est-à-dire la fréquence à laquelle les stocks sont renouvelés. Plus la rotation est rapide plus l'entreprise est performante car la rapidité de la rotation reflète la bonne gestion des approvisionnements, des achats et des stocks et les coûts de stockages se réduisent. Une rotation de stocks rapide prouve également que les produits sont bien vendus au marché et les clients sont bien satisfaits mais ça peut également signifier que le stock de sécurité est insuffisant dans certains cas.

La rotation des stocks est calculée par la formule suivante :

$$Rotation\ des\ stocks = \frac{Coûts\ des\ produits\ vendus\ (€)}{Stock\ moyen\ des\ produits\ (€)}$$

Où $stock\ moyen = \frac{stock\ initial + stock\ final}{2}$

Le stock initial est le stock au début de la période (années, mois, semaines, jours) et le stock final est le stock à la fin de cette période. Le stock moyen est calculé en valeurs.

Pour bien comprendre on prend ce petit exercice : soit les données suivantes :

- coûts des produits vendus : 280000€ entre 01 janvier 2019 et 01 janvier 2020.
- Stock initial = Stock au premier janvier 2019 : 25000€
- Stock final= Stock au premier janvier 2020 : 15000€

Le stock moyen = (25000+15000)/2=20000€ donc la rotation des stocks = 280000/20000= 14 rotations c'est-à-dire pendant la période entre le premier janvier 2019 et le premier janvier 2020 (l'année 2019) l'entreprise a renouvelé son stock 14 fois. Pour aller plus loin on peut également calculer dans combien des jours l'entreprise renouvelle son stock : c'est la durée moyenne du stock qui est tout simplement 365 jours/rotation des stocks donc elle est égale 365/14= 26 jours. Ainsi, l'entreprise a renouvelé son stock chaque 26 jours pendant l'année 2019.

7. La production :

Dans le service de production les matières premières et les autres composants vont être transformés en produits finis livrés aux clients. Pour faciliter ce processus, le système ERP contient des modules de prévisions, de planification des exigences, de planification des commandes,...Pour réussir sa production, l'entreprise doit réussir son Demand Plan et son approvisionnement donc la production dépend fortement de ces deux activités qui la précèdent. Si le Demand plan n'est pas bien fait donc l'entreprise n'a pas bien anticipé ces besoins en matériaux et en matières premières et cela va impacter négativement l'approvisionnement et la production d'où l'insatisfaction des clients est très probable. Généralement, le service de la production est équipé par un service supplémentaire qui est le service des opérations qui a pour rôle de faire la maintenance des produits, la réparation,...

8. Le transport :

Le transport permet de relier tous les partenaires de la chaîne d'approvisionnement qui sont séparés géographiquement comme les fournisseurs, les clients, les distributeurs, les points de vente... Il sert à déplacer l'inventaire à l'aide des camions, des trains, des avions, des navires ou des pipelines. L'entreprise peut utiliser deux moyens de transport ou plus et on appelle ce type de transport le transport intermodal. Il existe trois composantes principales dans le transport : logistique entrante, sortante et inversée. La logistique entrante sert à transporter les matériaux et les matières premières. La logistique sortante a pour but de transporter les produits finis aux clients et la logistique inversée prend en charge les retours des produits, les produits à recyclés, l'élimination des déchets,...

Afin d'optimiser les coûts, les produits doivent être déplacés en temps prévu et au bon endroit tout assurant la livraison du bon produit, de la quantité et de la qualité. En plus de cet objectif de réduire les coûts de transport, l'entreprise doit faire face aujourd'hui à la complexité des opérations du transport car les modes de transport sont multiples : aérien, ferroviaire, routier, maritime,... et le choix dépend de plusieurs facteurs : coût, dimension, poids, délai de livraison,... et il est susceptible d'être changé d'un jour à un autre d'où la nécessité de bien comprendre les bienfaits et les méfaits de chaque mode de transport.

9. Le service à la clientèle :

Le service client se concentre sur la satisfaction des clients par identifier ces besoins et ces attentes. Ils veulent bien évidemment des produits qui répondent bien à leurs besoins : des produits de bonne qualité et livrés dans les meilleurs délais. Aujourd'hui les demandes et les exigences sont devenues plus complexes et personnalisées c'est pourquoi ce service est très important et il nécessite des compétences solides pour bien gérer les plaintes des clients, communiquer et négocier avec eux,... Le système ERP permet aujourd'hui grâce à des modules comme le stock d'inventaire, gestion des contacts clients, gestion de la vente et le CRM (Customer Relationship Management) : la gestion des relations client.

Le service client est très important pour le succès de l'entreprise car les clients insatisfaits représentent un obstacle et une barrière pour acquérir des nouveaux clients et augmenter la clientèle de l'entreprise. C'est également un danger sur la réputation de l'entreprise car un client insatisfait peut décourager les autres par le moyen des réseaux sociaux à acheter de l'entreprise des produits.

Afin de réussir le service client et augmenter sa clientèle, la relation client que ce soit en interne ou en externe doit se baser sur des caractéristiques solides comme :

- la livraison du produit en temps : livrer les clients par les produits dont ils ont besoin dans les meilleurs délais.

- la politesse : traiter les clients par respect et courtoisie.
- la personnalisation : une méthode efficace pour créer une relation avec les clients à long terme par les traiter comme des personnes uniques et spéciales.
- la qualité : livrer des produits qui répondent aux attentes des clients.

10. Supply Chain network (SCN) :

En raison de l'évolution technologique les entreprises peuvent développer et évoluer leur Supply Chain de base en une Supply Chain plus complexe nécessitant une bonne interaction et connectivité entre les différentes organisations. D'une manière plus simple, le réseau de la chaîne d'approvisionnement ou Supply Chain Network est une collaboration et interaction entre les parties prenantes de la Supply Chain qui sont souvent les fournisseurs, les centres de production, les centres de distribution, les transporteurs et les clients pour optimiser la Supply Chain en minimisant ses coûts et être plus rentable.

Pour bien comprendre le réseau de la Supply Chain prenons l'exemple d'une entreprise qui vend des bouteilles de jus d'orange, l'entreprise contacte le fournisseur qui travaille dans la ferme pour acheter des oranges et elle contacte un autre fournisseur pour acheter des bouteilles vierges. Après dans les centres de production, les oranges sont essorés par les grands essoreurs pour produire du jus. Ensuite, le jus sera versé dans les bouteilles vierges. Les bouteilles remplies seront stockées et puis transporter aux points de vente et aux clients (magasins, grandes surfaces, restaurants, particuliers,...).

11. Durabilité de la Supply Chain :

Face à la pollution, aux émissions massives de CO_2, le réchauffement de la planète et d'autres problèmes environnementaux la nécessité d'avoir une supply chain verte et durable devient inévitable. Une supply chain durable est une supply chain qui cherche à minimiser l'impact de ses activités sur l'environnement donc son concept consiste à protéger l'environnement à toutes les étapes de la supply chain management : approvisionnement, production, distribution, SAV (service après-vente),...autrement dit créer une supply chain plus écologique.

2. Supply & Demand Planning

1. Définition de Demand Planning :

Le Demand Planning est un processus basé sur les prévisions de la demande calculées en se basant sur l'historique des ventes, des données de service marketing et les besoins des clients. Il intègre également les entrées de la capacité d'approvisionnement de la production, la gestion d'inventaire et des fournisseurs pour prévoir la demande avec précision. Les prévisions sont les inputs (entrées des données) pour créer les plans d'approvisionnement, les niveaux de stockage et les plans de fabrication c'est pourquoi le Demand Planning est souvent le plus important processus pour l'entreprise.

2. La relation entre Demand Planning et l'offre & la demande :

L'enjeu des entreprises est d'élaborer une planification de demande qui permet de répondre à la demande prévue des clients tout en prenant en considération les capacités de planification de l'offre autrement dit assurer un équilibre entre la demande des clients (le besoin du marché) et l'offre (la quantité des biens disponible pour la vente).

Le Demand Planning ne consiste pas uniquement à estimer la demande future mais aussi à optimiser toutes les activités de la supply chain pour répondre aux attentes des clients. Cette planification a également pour but de corriger les niveaux de stocks et maximiser ainsi les profits de l'entreprise.

Les plans de la demande seront par la suite traduits par des plans de fabrication et d'approvisionnement pour vérifier que les matières premières et les matériaux sont capables de répondre à la demande future donc il est nécessaire que les responsables de la planification et les responsables des plans d'approvisionnement collaborent sinon la non-coordination peut induire à la défaillance de l'entreprise.

3. Les facteurs impactant la demande :

De nos jours, plusieurs facteurs peuvent impacter la demande des clients et complexifient ainsi sa prévision avec précision donc il est essentiel que l'entreprise sache ces facteurs dans le but de savoir comment les gérer pour rester compétitive. Parmi eux, on peut citer la taille du marché, les produits et les services complémentaires, les produits et les services de substitution, les préférences des clients, les attentes futures des clients, le niveau de revenu des clients, les marchés des produits de base et les événements à risque. Dans la suite, on va présenter avec plus de détails chacun de ces facteurs.

Facteur 1 : La taille du marché :

Le nombre d'acheteurs sur un marché impacte la demande : si la taille du marché diminue alors le nombre d'acheteurs diminue aussi pour acheter des produits et des services et si la taille augmente les acheteurs augmente aussi. Par exemple, on prend un exemple dans le secteur automobile, si un constructeur propose un moteur de voiture plus économe en carburant il pourra attirer plus de clients et donc d'acheteurs comme ça, il réussira à augmenter sa taille sur le marché alors que les autres entreprises qui fabriquent des moteurs moins économes pourront avoir une diminution de leur taille sur le marché donc moins des clients. De ce fait, il est clair que la taille de l'entreprise sur le marché et sa position par rapport à ses concurrents influencent bien la demande des clients.

Facteur 2 : Les produits et les services complémentaires :

Les produits et les services complémentaires sont généralement associés aux produits et aux services principaux de l'entreprise. Une augmentation ou une diminution des coûts de ces produits et ces services impacte la demande de l'entreprise. On prend l'exemple d'une société qui fabrique et vend de la crème glacée (produit principal), elle a besoin de travailler avec une autre entreprise complémentaire pour fabriquer des cornets de crème glacée (produit complémentaire). Si, un jour, l'entreprise décide d'augmenter le prix de vente de ses cornets alors cette décision va impacter la demande de l'entreprise vendant de la crème glacée.

Facteur 3 : Les produits et les services de substitution :

Le produit de substitution peut en remplacer un autre pour répondre au même besoin du client et ce type de produit peut intensifier la concurrence entre les entreprises sur le marché. Par exemple, on suppose qu'une entreprise X fabrique de la margarine et que les prix des ingrédients de ce produit augmentent, les clients pourront chercher un produit de substitution, le beurre par exemple, fabriqué par une entreprise Y. Ainsi, la demande de la margarine diminue à cause du beurre (le substitut).

Facteur 4 : Les préférences des clients :

Les préférences des clients changent beaucoup en fonction de plusieurs raisons comme les publicités et les promotions sur les produits. Vu que les exigences et les préférences sont évoluent la demande sera alors affectée et cette affectation peut être bénéfique ou maléfique pour l'entreprise : bénéfique si cette demande augmente pour acheter un produit existant dans l'entreprise et maléfique dans le cas contraire. Cependant, il faut que l'entreprise sache que faire une promotion sur une marque va impacter la demande des autres marques.

Facteur 5 : Les attentes futures des clients :

Si les clients anticipent que le prix de vente d'un produit augmentera dans la prochaine période ou bien ils estiment que ce produit va devenir rare dans l'avenir alors ils peuvent décider d'augmenter leurs achats avant la hausse estimée ou la rareté estimée de ce produit. Par conséquent, la demande de ce produit augmente dans le marché. Par exemple, on prend les grains de café comme produit, à cause des conditions environnementales les clients peuvent estimer que la récolte des grains de café va baisser donc ce produit deviendra rare dans les prochaines périodes alors ils achètent plus que d'habitude.

Facteur 6 : Les revenus des clients :

Les revenus des clients sont sans doute l'un des facteurs qui impactent la demande surtout ceux qui augmentent et diminuent au fil de temps. Plus le revenu augmente plus le budget consacré pour l'achat augmente. Par exemple, à cause du covid-19 il y a un ralentissement économique qui affecte les revenus et le pouvoir d'achat des consommateurs car on est confiné et on ne pense pas à acheter par exemple des nouveaux vêtements et on essaie de limiter nos achats surtout pour ceux qui sont partis en chômage partiel ou bien les commerçants des marchés ouverts ou les ouvriers et d'autres.

Facteur 7 : Les marchés du produit de base :

Les marchés des produits de base comme le pétrole, le cuivre, le caoutchouc, l'or, le cuivre etc... constituent un souci pour des nombreuses entreprises car ces dernières ne peuvent pas contrôler les prix de ces produits de base ce qui affecte la demande des produits contenant l'un des produits de base. Tenons l'exemple suivant : on suppose que le prix de vente de cuivre augmente en Chine ceci peut induire une hausse des prix dans le monde de cuivre et des produits contenant du cuivre.

Facteur 8 : Les événements à risque :

Toutes les entreprises qui existent dans le monde sont vulnérables à plusieurs risques qui peuvent impacter leurs activités comme les catastrophes naturelles, le terrorisme et les guerres (impact sur la sécurité des pays), les fluctuations monétaires et d'autres facteurs. Ces risques perturbent complètement les chaînes logistiques et dans certains cas des entreprises se trouvent dans l'obligation de fermer leurs portes. On peut catégoriser des risques en quatre grandes catégories :

Le risque opérationnel : défaillance d'équipements, ruptures inattendues d'approvisionnement, grèves de personnel, problème de qualité des produits, interruption du travail....

Les catastrophes naturelles: tremblements de terre, ouragans, inondations, tornades,...

Le terrorisme et l'instabilité politique : L'un des critères les plus importants pour qu'une entreprise choisisse un pays pour travailler avec soit pour expédier ou importer des produits est sa sécurité et sa stabilité car si la situation politique est instable elle va impacter et perturber les activités de la supply chain.

En réalité, il y a plusieurs facteurs et risques qui peuvent impacter la demande et la supply chain des entreprises mais je ne peux pas les élaborer tous dans ce livre mais pour ceux qui sont curieux et intéressés pour découvrir les autres facteurs et risques je mets à votre disposition un livre intitulé « *Situations et leviers d'agilité pour la supply Chain* » élaboré par moi-même dans lequel j'ai dégagé de la littérature plus de 80 facteurs et risques accompagnés par des explications et j'ai également proposé les leviers et les meilleures pratiques qu'il faut appliquer par les entreprises pour les surmonter et réduire leur impact négatif sur la Supply Chain. Ce livre est disponible via le lien suivant pour le format numérique : https://amzn.to/2ydSYmf et via ce lien pour le format broché : https://amzn.to/2XKoylY.

4. Le processus de Demand Planning :

Le processus de la planification de la demande comprend l'analyse des prévisions de la demande, l'évaluation des capacités d'approvisionnement, de production et de logistique. Donc il faut que ces capacités puissent soutenir les prévisions de la demande. L'entreprise doit trouver un compromis entre les prévisions, le plan d'approvisionnement, le plan de production et le plan logistique. Ce processus sert à unir tous les acteurs de la Supply Chain à un objectif commun : la satisfaction des clients. Chaque étape et chaque tâche doivent respecter le processus élaboré pour assurer une cohérence et une harmonie entre tous les collaborateurs de la Supply Chain. Par la suite, s'il y a une baisse ou une augmentation de la demande la direction doit procéder à des actions d'amélioration du processus pour répondre aux changements imprévus.

Le processus de Demand Planning est souvent déclenché par le service commercial et marketing afin de bien connaître le marché et avoir plus de données sur les produits. Ceci permet à l'entreprise de bien anticiper la demande future des clients. Cette prévision inclut les commandes anticipées, les commandes reçues, les ajustements dus au changement de la politique d'inventaire et une interaction avec le client pour partager son feedback à propos le service de l'entreprise.

Une fois les prévisions de la demande réalisées, on arrive à la création du plan de la demande. Dans le but de créer un plan efficace la communication entre tous les acteurs de la Supply Chain est essentielle : la direction, la gestion financière et d'autres éléments doivent coordonner pour créer ce plan en fonction des données sur les produits et le marché et des connaissances. Le processus de Demand Planning est alors une planification de la demande anticipée des produits ou des services sur un horizon de 12-18 mois, tout dépend de la taille de l'entreprise, sa stratégie et de produit en question.

Les Demand Planners commencent à créer le plan de la demande en analysant les prévisions qui étaient élaborées en se basant sur les données fournies par l'équipe de marketing et l'équipe commerciale. Ce plan sera par la suite partagé avec les éléments clés de l'entreprise. Les données sont basées sur l'historique des ventes réelles et les événements passés donc le plan de la demande future est basé sur le passé. Le service marketing et commercial commence à analyser les tendances et les motifs pour expliquer pourquoi l'augmentation ou la diminution des ventes futures pour des périodes bien spécifiées et il analyse également les promotions sur les produits, l'effet de la publicité, les commandes exceptionnelles,...Par exemple, la consommation de saumon fumé augmente considérablement pour fêter la fin de l'année donc l'entreprise doit préparer un plan de demande qui prend en considération cette hausse.

Dans un environnement volatil et dynamique comme celui de nos jours, les entreprises se trouvent dans l'obligation de faire une gestion de la demande qui est devenue indispensable. Cette gestion a pour but d'ajuster le plan de la demande et proposer des solutions pour l'améliorer afin qu'il puisse répondre aux demandes futures des clients. Ce travail nécessite des personnes à proximité des clients et ayant une bonne capacité relationnelle pour transférer les changements aux Demand Planners et aux parties prenantes. S'il y a une augmentation ou une diminution imprévue de la demande il faut que la haute direction (senior management) propose des ajustements sur les opérations de la Supply Chain pour gérer cette demande imprévue.

5. La prévision de la demande :

La prévision consiste à anticiper et prévoir un événement ou une condition future en se basant souvent sur des données, des résultats et des études. L'entreprise fait également le même travail pour la prévision de la demande : elle calcule son besoin futur en termes de produits finis pour satisfaire la demande des clients. Une bonne prévision permet à l'entreprise d'être plus rentable et de minimiser ses coûts. L'élaboration des prévisions précises pour la demande permet également d'élaborer des prévisions précises pour les matières premières, les matériaux, l'emballage et d'autres services essentiels. Une bonne précision des prévisions aide l'entreprise à éviter le surstock à la suite d'une surestimation ou la rupture de stock à la suite d'une sous-estimation. Un surstock engendre des coûts d'inventaire supplémentaires à l'entreprise et une rupture de stock engendre des pertes des ventes et des clients donc la prévision et la gestion d'inventaire sont directement liées.

En réalité, l'entreprise ne peut pas élaborer des prévisions correctes à 100% car c'est très difficile c'est pourquoi elle mesure la performance de la prévision en calculant ce qu'on appelle l'erreur de prévision.

L'horizon de la prévision est un autre facteur qui impacte la prévision plus l'entreprise calcule ses prévisions sur un horizon court plus la prévision est bonne. Pour plus d'information sur les prévisions des ventes, les modèles statistiques et comment calculer les indicateurs de performance comme l'erreur de prévision et la précision je vous invite à consulter mon livre (plus de 70 pages) intitulé « *Amélioration de la fiabilité des prévisions des ventes* » avec un cas concret réalisé pour une entreprise internationale, disponible via ce lien pour le format numérique : https://amzn.to/2xp3o2m ou bien par ici pour le format broché : https://amzn.to/3a54PQI. Bonne lecture !!!

6. La demande dépendante et indépendante :

En gestion de stock, il existe deux types de demande : la demande dépendante et la demande indépendante. On qualifie une demande comme indépendante lorsqu'elle est issue par un client donc il s'agit spécifiquement des produits finis qui ne dépendent pas des demandes des autres items. On appelle une demande dépendante celle déduite de la demande d'un autre article. Par exemple, la demande des matières premières dépend des ventes des produits finis par lesquels ils ont été fabriqués. Grâce aux nomenclatures des produits finis on peut déduire la demande nécessaire des matières premières et des matériaux. Chaque nouvelle voiture nécessite au moins quatre pneus donc la demande des pneus dépend de la demande des nouvelles voitures à assembler. Un autre exemple de demande dépendante est le papier bulle utilisé pour la protection des produits. Sa demande dépend bien de la demande des produits à expédier et à emballer par le papier bulle. De ce fait, la demande indépendante permet de bien prévoir la demande dépendante pour aider l'entreprise à optimiser ses coûts et ses ressources au lieu de prévoir la demande dépendante de chaque composant à part qui est une méthode très complexe et non optimale. Donc, il est mieux de partir de la prévision de la demande des produits finis (demande indépendante) et utiliser leurs nomenclatures pour prévoir les demandes en matières premières et en composants (demandes indépendantes). Cette nomenclature (Bill Of Materials BOM en anglais) est élaborée par les concepteurs des produits afin d'identifier tous les composants nécessaires pour fabriquer le produit fini. Elle contient une description de tous les composants nécessaires, les quantités requises et d'autres informations.

On continue toujours dans le Demand Planning et on parle maintenant des niveaux de la planification (Planning Levels). L'entreprise élabore ses prévisions à différents niveaux. Le niveau le plus agrégé ou bien le plus élevé est celui de la demande globale de produits dans le monde et le niveau le plus désagrégé ou le plus détaillé ou le plus petit concerne les unités de stockage (SKU : Stock Keeping Unit) qui comprennent des produits, spécifiques de tailles ou de couleurs spécifiques, stockés à un endroit spécifique. Par exemple, les chemises se caractérisent par des couleurs et tailles différentes. Chaque combinaison couleur-taille représente une référence unique c'est-à-dire une unité de stockage unique. Les chemises noires de taille S représentent par exemple une unité de stockage car c'est une référence unique cependant les chemises noires ne représentent pas une unité de stockage car il existe plusieurs tailles pour ces chemises et on n'a pas précisé de quelle taille s'agit-il.

La prévision au niveau le plus agrégé (le plus élevé) consiste à déterminer les besoins en matières premières nécessaires pour une période spécifique sur tous les autres niveaux. Plusieurs entreprises élaborent les prévisions sur plusieurs niveaux pour savoir en détails ses besoins. Elles commencent la prévision au niveau le plus agrégé (le plus général) pour aller jusqu'aux niveaux plus détaillés pour plus de visibilité des besoins futurs. On prend l'exemple d'un producteur des chemises pour hommes qui sont vendus dans le monde entier. et on passe du plus général au plus détaillé :

- Niveau 1 (le plus général) : la prévision de la demande globale pour tous les produits dans toutes les régions. Cette prévision concerne toutes les chemises de toutes les couleurs et les tailles.
- Niveau 2 (Spécification de la région/pays): la prévision de la demande concerne toutes les chemises de toutes les couleurs et les tailles pour une région ou un pays spécifique, la France par exemple.

- Niveau 3 (Spécification de la famille/ catégorie des chemises) : la prévision de la demande concerne toutes les chemises pour toutes couleurs et les tailles dans le monde entier pour une famille/catégorie des chemises spécifiques (chemises à manches courtes par exemple).
- Niveau 4 (Spécification de la région et la famille des chemises) : la prévision de la demande concerne toutes les chemises pour toutes les couleurs et les tailles pour une famille spécifique et un pays spécifique, la prévision des chemises à manches courtes en France, par exemple.
- Niveau 5 (Spécification de la famille des chemises, la taille et la couleur : SKU) : la prévision de la demande concerne une famille des chemises spécifique, de couleur spécifique et de taille spécifique. Exemple : les chemises à manches courtes, noires et de taille S.
- Niveau 6 (le plus désagrégé et le plus détaillé : spécification de la famille des chemises, la taille, la couleur et la région : SKU par région) : la prévision de la demande concerne une famille des chemises spécifique, de couleur spécifique et de taille spécifique pour une région spécifique. Exemple, les chemises à manches courtes, noires et de taille S en France.

7. Le Plan de la demande :

Les plans de la demande sont créés en se basant sur les prévisions de la demande des produits dans toutes les régions sur une plage de temps (jour, semaine, mois, année,...etc.) pour déterminer la quantité à produire et combien l'entreprise a besoin d'inventaire pour soutenir la demande des clients. Dans ce qui suit, on découvre comment créer ce plan de demande.

Création du plan de demande :

La création du plan de demande peut se faire de Top-Down (approche descendante) ou de Bottom-Up (approche ascendante). L'approche Top-Down est celle expliquée dans la section 2.6 lorsque on a pris l'exemple des chemises pour hommes. On commence par la création d'un plan de demande pour le niveau le plus haut et après on commence à détailler ce plan et créer d'autres sur les autres niveaux les plus détaillés en partant du premier plan jusqu'au niveau le plus détaillé, le niveau SKU et le niveau SKU / région. Par exemple, selon les prévisions, pour la prochaine année, l'entreprise va faire une vente estimée de 10.000 unités de chemises dans le monde entier (niveau le plus haut). 6000 unités en France et 2000 unités en Canada et 2000 unités en Tunisie (niveau 2 : spécification de la région). Parmi 10.000 unités de chemises, il y a 3000 chemises à manches longues et 7000 chemises à manches courtes (niveau 3 : spécification de la famille/ catégorie). En ce qui concerne la Tunisie, il y a 1500 chemises à manches courtes (parmi 2000 chemises) qui seront vendues (niveau 4 : spécification de la famille/catégorie des chemises et la région). Après on élabore les prévisions sur une famille des chemises en spécifiant la taille et la couleur (niveau 5 : SKU). Finalement, on spécifie avec ceci la région (niveau 6 : SKU/région). L'approche Bottom-Up est totalement l'opposé de l'approche Top-Down. On commence par le plan de demande le plus détaillé (SKU/ région) vers le plus général.

Pour réussir la création du plan de demande il faut savoir ses composants clés qui sont les suivants :
- La prévision de la demande : la quantité prévue que l'entreprise doit satisfaire.
- Localisation : l'endroit où les ventes ont lieu.
- SKU : le produit spécifique.
- Le cycle de stock : la quantité requise pour couvrir les ventes et la demande normale des clients.
- Le stock de sécurité : la quantité requise pour soutenir une variation de demande et couvrir l'erreur de la prévision. Il est utilisé lorsqu'il y a

une forte demande.
- **L'horizon** : la période de temps utilisée pour déterminer le besoin du produit.
- **La période ferme** : la période pendant laquelle l'entreprise ne peut pas faire des modifications sur le plan de demande sauf des changements minimes.
- **Les sceaux de temps** : le temps émis pour faire la planification de la demande.
- **Personnel** : les personnes qui élaborent les prévisions.

En somme, l'entreprise élabore des prévisions des ventes pour déterminer la quantité requise d'inventaire et le stock de sécurité (plus de détail dans la suite). Plusieurs entreprises adaptent les deux approches Top-Down et Bottom-Up pour garantir la cohérence des prévisions. Ceci permet d'identifier s'il y a des ajustements à faire sur le plan de demande.

8. L'incertitude dans le Demand Planning :

L'incertitude dans le Demand Planning se produit dans la demande, l'approvisionnement et le délai de mise en œuvre.

Incertitude de la demande :
L'incertitude de la demande signifie l'ignorance de la demande exacte car la prévision ne peut jamais être correcte à 100%.

Incertitude de l'approvisionnement :
En approvisionnement, l'incertitude existe également. La source d'approvisionnement peut être incertaine à cause de l'instabilité des fournisseurs, des pénuries des matières premières ou/et du personnel, problèmes de livraison en temps,...etc. Le fournisseur peut ne pas avoir la quantité des matières premières nécessaires pour répondre aux besoins de l'entreprise dans les meilleurs délais ou bien il y a des pénuries en ressources matérielles et humaines comme l'absence des personnels qualifiés pour réaliser des tâches spécifiques, les équipements défectueux,... L'incertitude peut apparaître dans le transport lorsque le fournisseur est incapable de livrer en temps

la commande à cause de l'insuffisance des moyens de transport.

Incertitude du délai de mise en œuvre (lead time) :

Le lead time est le temps entre la réception de la commande d'un produit et sa mise à disposition pour être consommé. Il inclut le temps de passation de la commande, le temps de production, le temps de transport et le temps de réception (contrôle et emballage). L'incertitude du lead time vient donc de l'incertitude des temps de traitement, temps de picking, temps de transport, temps d'expédition,...etc. On peut avoir des aléas comme les pannes des machines qui engendrent l'interruption de la production, la pénurie du personnel pour préparer les commandes en temps, retard au niveau de transportation dû à des équipements en pannes.

9. L'incertitude et la variabilité : impacts et solutions :

L'incertitude peut entraîner la variabilité dans la Supply Chain. La variabilité de la demande est la dispersion des ventes autour de la moyenne. Plus l'article est variable plus la prévision est difficile. L'objectif de l'entreprise est donc de réduire cette variabilité par la recherche de ses causes. Par exemple, l'entreprise peut améliorer le processus des prévisions en utilisant des techniques plus efficaces. L'entreprise peut également travailler plus efficacement avec les fournisseurs et les clients grâce à la planification, la prévision et le réapprovisionnement collaboratifs (CPFR : Collaborative Planning, Forecasting and Replenishment). Le rôle de CPFR est de partager les données sur les ventes, les prévisions et les informations sur les problèmes qui peuvent impacter la Supply Chain pour permettre à l'entreprise de bien agir. Plus les données sont partagées en temps réel plus l'entreprise sera efficace dans la mise en place des actions correctives et amélioratrices pour surmonter ses problèmes.

La variabilité dans la Supply Chain peut engendrer des coûts des opérations supplémentaires. Puisque l'entreprise ne peut pas prévoir à 100% la demande future elle doit toujours être prête à surmonter l'impact de la variabilité. Si la variabilité de la demande augmente (c'est-à-dire la demande est plus élevée que celle prévue) l'entreprise doit augmenter les niveaux de stocks pour pouvoir couvrir cette hausse ne pas avoir des ruptures de stock et des pertes des ventes.

Pour faire face à la variabilité et l'incertitude, l'entreprise peut garder un stock supplémentaire des matières premières pour si elle est incertaine que le fournisseur livre la commande dans les meilleurs délais. De même, pour le packaging (l'emballage) il faut avoir la quantité requise pour emballer et transporter les produits finis.

Le stock de sécurité :

Le stock de sécurité est le stock additionnel qui permet de couvrir l'incertitude et la variabilité de la demande. Il est considéré comme un stock régulateur (Buffer Stock). Par exemple, selon la prévision si on produit 100 unités pour le mois prochain alors que la vente peut atteindre 150 unités alors on complète 50 unités auprès du stock de sécurité.

Face aux délais de livraison retardés, les produits non conformes, les aléas de production et d'autres facteurs, l'entreprise est obligée d'avoir un stock de sécurité.

2.10. Les outils et les techniques pour réduire l'incertitude :

Dans la section précédente on a évoqué les causes et l'impact de l'incertitude et la variabilité et l'incertitude sur la Supply Chain et on a proposé une solution qui est le stock de sécurité pour y faire face. Dans cette section, on évoque d'autres techniques et outils pour réduire cette incertitude.

Parmi ces techniques, on peut citer les suivants :
- Techniques des prévisions statistiques.
- Point de commande.
- EOQ : la quantité économique de commande.
- Analyse de lead time.
- L'évolution technologique.

Les techniques des prévisions statistiques :

L'utilisation des modèles statistiques des prévisions adéquats permet de réduire l'incertitude car le modèle optimal permet de garantir une bonne précision au niveau des prévisions qui entraîne par conséquent une réduction de l'incertitude et une optimisation d'inventaire car on se rapproche de la réalité. Il existe plusieurs techniques et algorithmes pour modéliser les prévisions et on ne peut pas les évoquer tous dans ce livre c'est pourquoi je vous invite de nouveau à consulter mon livre (plus de 70 pages) intitulé « *Amélioration de la fiabilité des prévisions des ventes* » avec un cas concret réalisé pour une entreprise internationale, disponible via ce lien pour le format numérique : https://amzn.to/2xp3o2m ou bien par ici pour le format broché : https://amzn.to/3a54PQI. Cependant, dans ce livre on dévoilera deux méthodes appelées la moyenne mobile simple et la moyenne mobile pondérée.

La moyenne mobile simple consiste à prévoir la demande pour une période future en calculant la moyenne des demandes réelles (passées) des périodes précédentes. Exemple, on veut prévoir la demande pour le mois d'avril et on a les données de l'historique suivantes :
- Janvier : 100 unités.
- Février : 200 unités.
- Mars : 300 unités.

Donc la prévision pour le mois d'avril est :
(100+200+300)/3= 200 unités. La demande future pour avril sera 200 unités selon le modèle de la moyenne mobile simple. Après si on veut prévoir la demande du mois de mai lorsqu'on a connu la demande réelle d'avril on fait la moyenne des demandes de trois mois les plus récents c'est-à-dire février, mars et avril car les valeurs récentes sont les plus exactes.

La moyenne mobile pondérée consiste à donner plus d'importance sur la valeur la plus récente. On doit affecter à chaque période (mois, jours, année, semaine,...) un poids d'importance compris entre 0 et 1. La valeur la plus récente doit avoir plus de poids (plus d'importance) que les autres valeurs. On prend le même exemple précédent (calcul de la demande future du mois d'avril) et on affecte 60% pour le mois de mars (le mois le plus récent), 30% pour le mois de février et 10% pour le mois de janvier. Il faut vérifier que la somme de tous les poids est égale à 100% qui est notre cas ici. La demande future pour le mois d'avril est la somme des demandes multipliées par leurs poids. Donc la demande d'avril est égale à 100*0.1+200*0.3+300*0.6= 250 unités. Dans ce cas, on constate que la demande augmente en fonction du temps de 100 unités (mois du janvier) à 300 unités (mois du mars) donc il est plus probable que la demande continue à augmenter donc la méthode de la moyenne mobile pondérée est plus optimale dans ce cas car on anticipe 250 unités pour le mois d'avril alors que la moyenne mobile simple a anticipé 200 unités. En général, s'il y a une tendance (augmentation ou diminution des demandes) il est préférable d'utiliser la moyenne mobile pondérée car il est plus efficace. Plus de dix autres méthodes des prévisions des ventes sont envisagées dans mon livre : https://amzn.to/2xp3o2m pour approfondir vos connaissances.

Le point de commande :

Le point de commande ou de réapprovisionnement est déclenché lorsque l'inventaire d'un produit atteint un niveau bien déterminé. Dans ce cas, l'entreprise passe une commande de réapprovisionnement pour augmenter le niveau d'inventaire à une quantité bien définie. Selon la littérature il existe deux types de point de réapprovisionnement : réapprovisionnement en quantité fixe et réapprovisionnement en une période fixe.

- **Réapprovisionnement en quantité fixe :**

Ce type de point de commande consiste à fixer la quantité de réapprovisionnement à chaque commande de réapprovisionnement c'est-à-dire l'entreprise commande la même quantité lorsque le niveau d'inventaire atteint la quantité du point de commande qui permet de couvrir la période de lead time des fournisseurs : le délai nécessaire pour recevoir la nouvelle commande. Par exemple, si la demande journalière est 10 unités et le lead time est 5 jours (on peut recevoir la nouvelle commande dans un délai de 5 jours) alors l'inventaire au niveau du point de commande sera 10*5= 50 unités pour pouvoir couvrir le lead time.

- **Réapprovisionnement en période fixe :**

Ce type est le contraire du premier car il consiste à fixer la période entre deux réapprovisionnements mais la quantité commandée est variable d'une période à une autre. Généralement, l'entreprise révise le niveau de stock lorsque le temps de réapprovisionnement arrive afin de passer une commande qui permet d'avoir le niveau d'inventaire souhaité. Par exemple, l'objectif de l'entreprise est d'avoir 100 unités comme inventaire maximal et elle révise le stock chaque deux semaines et elle trouve qu'il reste 20 unités alors elle commande 100-20 = 80 unités pour atteindre son objectif qui est 100 unités.

- **Choix de la méthode : avantages et inconvénients**

En somme, il est important de bien choisir la politique d'inventaire (le type de réapprovisionnement) approprié pour un produit particulier pour être rentable et optimiser ses coûts. Par exemple, la politique de réapprovisionnement en quantité fixe est appliquée pour les produits les plus critiques et les plus vendus qui sont les produits de la classe A de la méthode de Pareto ou la classification ABC, qui permet de classifier les produits selon leur importance en termes de chiffre d'affaires. Les produits de la classe A et B représentent 20% de tous les produits mais environ 80% du chiffre d'affaires. Donc les plus importants produits sont ceux de la classe A puis B puis C (les moins importants). La méthode de réapprovisionnement en quantité fixe est plus sécurisante car on peut passer une commande quand ceci est nécessaire mais l'entreprise ne peut pas grouper ses commandes pour un même fournisseur ce qui engendre des coûts supplémentaires. C'est pourquoi il y a des entreprises qui utilisent cette méthode pour les produits de la classe A uniquement et pour les autres classes (B et C) elles utilisent le réapprovisionnement en période fixe pour réduire ses coûts car on peut grouper les commandes pour un même fournisseur pour optimiser l'échange, le remplissage des camions et les opérations. Cependant, cette méthode présente également un inconvénient car l'entreprise ne peut pas passer une commande entre deux périodes. Si par exemple, l'entreprise est en rupture de stock le lundi à causes des problèmes qui peuvent survenir et elle passe sa commande le jeudi, elle reste 3 jours en rupture de stock. L'entreprise doit savoir quelle politique est la plus adéquate pour un produit particulier. Parfois, on accepte la rupture de stock d'un produit de classe C (les produits les moins importants) donc c'est mieux d'utiliser la méthode de réapprovisionnement en période fixe pour cette classe contrairement à la classe A pour laquelle la méthode de réapprovisionnement en quantité fixe est la plus appropriée. La classe B bénéficie d'un statut intermédiaire entre A et C et selon le degré d'importance de ses produits, l'entreprise peut décider quelle politique doit choisir.

La quantité économique de commande :

La quantité économique de commande (EOQ : Economic Order Quantity en anglais) permet à l'entreprise de déterminer la quantité optimale à commander pour la méthode de réapprovisionnement en quantité fixe. L'EOQ est calculée pour minimiser les coûts comme le coût d'achat, le coût de stockage, le coût de passage des commandes : le frais fixe des commandes, etc. Elle est calculée par la formule de Wilson datée de 1913 mais cette méthode repose sur les hypothèses suivantes :
- Le coût de passage de la commande est fixe.
- La demande est constante et stable.
- Le délai de réapprovisionnement est fixe.
- Le prix d'achat est constant (pas de réduction de prix sur des commandes en gros).

La formule est alors :

$$EOQ = \sqrt{\frac{2*D*Cp}{Cs}}$$

Où D : la demande moyenne annuelle.
Cp : coût de passage fixe par commande.
Cs : coût de possession de stock unitaire

Exemple : D= 3600 unités pendant T : le délai de réapprovisionnement., Cp= 200€ par commande et Cs= 25€ pendant la période T. EOQ= 240 unités.

L'analyse du lead time :

L'analyse du lead time (le délai de mise en œuvre) permet également de réduire l'incertitude. En effet, cette analyse permet à l'entreprise de savoir si elle peut réduire l'un des composants du lead time. Parmi ces composants on trouve le temps pour recevoir la commande, le temps émis pour transmettre une commande à un fournisseur, le temps pour préparer une commande, le temps d'emballage de la commande, le temps de transport, etc. Si le lead time est long alors l'entreprise doit avoir un stock plus important pour couvrir la demande pendant ce délai donc si le lead time peut être réduit l'inventaire peut également être réduit.

L'évolution technologique :

Les méthodes évoquées au-dessus peuvent être appliquées grâce à l'évolution technologique car de nos jours il existe plusieurs logiciels qui permettent d'automatiser les calculs et fournir des résultats pertinents. Les logiciels permettent également de tester plusieurs modèles statistiques des prévisions pour choisir la plus optimale grâce à une bibliothèque des algorithmes et des formules mathématiques très complexes.

L'évolution technologique révolutionne le travail des Demand Planners qui disposent aujourd'hui des logiciels assez puissants pour faciliter leur travail.

3. L'achat et l'approvisionnement

1. Définition de l'achat et l'approvisionnement :

Les deux termes achat et approvisionnement sont souvent utilisés comme des synonymes, cependant il y a des points en commun entre eux mais aussi des points de différence. Si on veut donner à chacun une définition on peut dire que : l'approvisionnement est l'ensemble de tous les processus réalisés pour obtenir les biens et les services nécessaires pour fabriquer les produits demandés par le client.
L'approvisionnement se concentre sur la recherche et la négociation avec les fournisseurs et la sélection de la stratégie qui permet à l'entreprise d'être plus rentable : fournisseurs fiables, prix raisonnables et bonne qualité des biens. Cependant, l'achat est une fonction du processus de l'approvisionnement qui a pour objectif le traitement et la réception des demandes d'achats pour les convertir en bons de commandes (Purchase Orders) pour avoir la quantité des biens requise du fournisseur.

Les responsables d'approvisionnement interagissent avec plusieurs acteurs de la Supply Chain : avec les fournisseurs, le service commercial et marketing et d'autres services en externe et en interne. On prend l'exemple d'une entreprise qui fabrique des barres de céréales. Pour ce faire, elle doit mélanger les céréales avec d'autres composants comme le sucre, le miel et des saveurs au choix. Après elle doit faire l'emballage de son produit avant de l'expédier aux épiceries et aux clients finaux. L'entreprise a besoin de faire des achats de la matière première (grains de céréales), le carton pour l'emballage et les étiquettes (où il y a les informations sur les ingrédients du produit, la valeur énergétique et d'autres données). Donc elle doit négocier avec trois fournisseurs : fournisseur des grains de céréales, fournisseur des cartons et fournisseur des étiquettes pour acheter les éléments nécessaires pour fabriquer le produit. A son tour, le fournisseur des cartons doit acheter des arbres pour avoir des fibres du bois qui lui permettent de fabriquer des cartons. Le fournisseur des étiquettes doit acheter des papiers. Ceci prouve que tout au long de la Supply Chain, l'approvisionnement et l'achat ont lieu dans plusieurs parties de la Supply Chain.

L'approvisionnement joue donc un rôle crucial pour assurer un flux continu des matériaux, des produits et des services. Le rôle de l'approvisionnement est également d'assurer la disponibilité des matières premières et les composants nécessaires pour fabriquer les produits finis en cherchant à minimiser les coûts, garantir une bonne qualité et une livraison en temps. Une bonne gestion d'approvisionnement engendre plusieurs bienfaits :

- Réduction des coûts : l'entreprise peut dépenser plus de 50% de ses revenus en matières premières, produits finis, services et en d'autres biens pour poursuivre les opérations de la Supply Chain donc si elle peut faire des économies en approvisionnement elle dépensera moins grâce à des techniques efficaces d'approvisionnement.
- Amélioration de la qualité : l'approvisionnement impacte fortement la qualité des produits finis car il est responsable sur les matières premières et les composants avec lesquels les produits finis sont fabriqués. La qualité des matières premières et des composants impacte la qualité des produits finis.
- Amélioration des produits : le responsable d'approvisionnement peut travailler avec des ingénieurs et des fournisseurs pour améliorer la performance et la fiabilité des produits.

Pour bien comprendre comment une bonne gestion d'approvisionnement permet de réduire les coûts nous prenons l'exemple d'une entreprise qui vend des boissons. On suppose qu'elle vend 200.000 caisses par an et dans chaque caisse il y a 12 bouteilles en plastique. On suppose que le service d'approvisionnement parvient à faire des économies d'un quart de centime (0,0025€) sur la bouteille en plastique si on change le type de bouchon ou bien en agissant sur les étiquettes par exemple. Le nombre des bouteilles est égal à 200000*12=2.400.000.000 bouteilles par an. L'entreprise a donc fait une économie de 2.400.000.000*0,0025= 6.400.000€. Une petite économie par unité peut entraîner une grande économie pour les produits à volumes très élevés.

2. Les fonctions de l'approvisionnement :

L'approvisionnement joue un rôle très important pour assurer la continuité de la Supply Chain, réduire les coûts, recherche des fournisseurs fiables et assurer la qualité des biens et des services. Cependant, l'approvisionnement ne peut pas atteindre tous ces objectifs sans la collaboration et l'interaction avec les autres fonctions : opérations, ingénierie, commerce et marketing, qualité et finance.

Approvisionnement et opérations :

Les responsables d'approvisionnement doivent comprendre et être au courant du plan de production et de la quantité à produire pour une période bien déterminée afin d'identifier les quantités des matières premières, des matériaux d'emballage et des composants nécessaires pour fabriquer les produits finis et satisfaire les besoins des clients.

Approvisionnement et ingénierie :

Le lien entre l'approvisionnement et l'ingénierie existe aussi car ils travaillent ensemble pour sélectionner les fournisseurs fiables et développer les produits. Dans certains cas, le service d'approvisionnement emploie des gestionnaires des produits (Commodity Managers) qui ont des compétences techniques qui leur permettent de concevoir des produits de haut niveau de performance et d'efficacité.

On peut citer comme tâches qui peuvent être améliorées si le département d'approvisionnement travaille avec le département d'ingénierie :

- Identifier le meilleur fournisseur pour un produit spécifique.
- Surveiller sur les fournisseurs pour s'assurer qu'ils atteignent les objectifs de qualité et de livraison.
- Evaluer les capacités de production des fournisseurs.
- Travailler avec les fournisseurs pour améliorer la qualité des produits.
- Identifier les nouvelles technologies pour les intégrer dans les nouveaux produits.
- Proposer des solutions pour réduire les coûts sans impacter la qualité des produits.
- Assister techniquement le lancement des produits.

Approvisionnement et marketing :

Les responsables de marketing peuvent développer des idées pour lancer des nouveaux produits et le service d'approvisionnement identifie les besoins en matières premières et les composants nécessaires pour les fabriquer. En plus, ils développent également des prévisions des ventes sur lesquelles l'entreprise se base pour élaborer le plan de production et également le plan d'approvisionnement pour fournir la quantité nécessaire pour soutenir la demande des clients.
L'approvisionnement se fait également en se basant sur les données de service marketing qui concernent les promotions et les publicités sur les matières premières et les composants pour réduire les coûts d'achat et faire des économies.

Approvisionnement et qualité :

Le département d'approvisionnement et le département de la qualité doivent collaborer pour garantir une bonne qualité des produits. Ces deux appartements peuvent réaliser des projets en commun comme une formation en qualité pour les fournisseurs, une ingénierie qualité, une planification des actions correctives pour améliorer la qualité.

Approvisionnement et finance :

L'approvisionnement communique les informations sur les produits achetés au service financier pour mettre à jour le système de comptabilité des fournisseurs. L'alliance entre ces deux départements est essentielle pour que l'entreprise soit plus rentable.

Il est clair qu'il est très important pour que le service d'approvisionnement travaille en étroite collaboration avec les autres services. Dans la partie suivante, nous allons parler de partenariats avec les fournisseurs.

Partenariats avec les fournisseurs :

Le partenariat et la bonne gestion des fournisseurs jouent un rôle très important pour améliorer la compétitivité de l'entreprise. En effet, la stratégie d'alliance entre les fournisseurs leur permet de fournir des produits de qualité si l'entreprise travaille en collaboration avec des fournisseurs clés pour développer des relations de confiance entre eux.

Plusieurs entreprises préfèrent de travailler avec quelques fournisseurs pour des produits clés qu'avec plusieurs fournisseurs. Cette stratégie est bénéfique pour l'entreprise pour réduire les coûts et améliorer la performance avec quelques fournisseurs clés.

Dans cette concurrence mondiale, les entreprises développement des chaînes logistiques qui dépendent des fournisseurs externes. Un bon exemple est l'entreprise Apple qui externalise (sous-traite) la production des produits et des composants. Ceci a augmenté l'activité de l'externalisation et la dépendance des fournisseurs pour fournir non seulement des produits mais aussi des services comme les services de support et conception informatique. C'est pourquoi le département d'approvisionnement doit adopter des bonnes stratégies pour assurer la bonne gestion des fournisseurs vu leur importance afin de choisir les produits de qualité et satisfaire ses clients.

En bref, le département d'approvisionnement doit assurer que les produits proviennent des meilleurs fournisseurs avec les spécifications et les caractéristiques requises, avec la qualité demandée, avec un prix raisonnable et livrés dans les meilleurs délais.

3. Analyse de portefeuille :

L'analyse de portefeuille consiste à classifier les produits achetés en quatre catégories selon le coût et le risque associé à chaque item. Chaque type d'achat est affecté à un quadrant qui représente la stratégie d'approvisionnement adoptée pour les articles de la même catégorie. L'entreprise doit donc changer la stratégie pour chaque quadrant.

Cette segmentation des items et des articles facilite à l'entreprise la prise de la décision des stratégies et des tactiques qu'il faut opter. Cette catégorisation des items est présentée par une matrice appelée matrice de Kraljic (voir la figure ci-dessous), un outil utilisé par les Supply Managers pour bien gérer les approvisionnements. C'est une méthode de classification de portefeuille achats dont l'objectif d'identifier la stratégie des différentes familles d'achats.

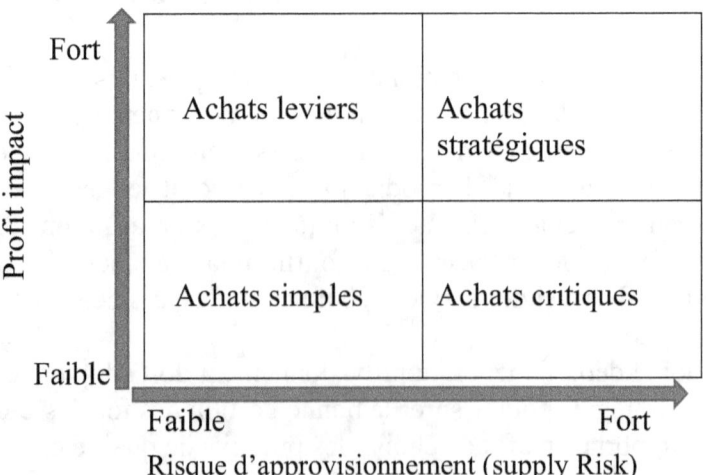

La matrice est de taille 2x2 qui vise à démontrer qu'un service d'approvisionnement efficace doit appliquer diverses stratégies pour optimiser les coûts d'approvisionnement. Les achats des articles sont classés en quatre catégories selon le profit impact (l'axe vertical) et le risque d'approvisionnement (l'axe horizontal) : le profit impact mesure le degré d'impact des achats sur le profit et le business de l'entreprise. Un impact fort sur le profit désigne que les achats des articles correspondants sont très importants et inversement. Le risque d'approvisionnement (Supply Risk en anglais) mesure le degré de difficulté pour obtenir les articles requis. Un fort risque d'approvisionnement désigne que l'achat des articles correspondants est difficile car ils n'ont pas facilement accessibles sur le marché par exemple.

Dans cette partie, nous allons parler de chaque catégorie séparément et nous allons proposer les différentes stratégies qui correspondent à chaque famille d'achats.

Achats simples :

Ils ont un impact faible sur l'activité de l'entreprise et leur approvisionnement reste simple (disponibilité suffisante des fournisseurs) comme les fournitures de bureau. Les stratégies adéquates sont : automatiser les processus d'approvisionnement et contrôler les volumes.

Achats leviers :

Ils sont un impact fort sur le profit de l'entreprise mais la complexité des marchés (le risque d'approvisionnement) est faible c'est-à-dire que l'entreprise peut facilement trouver les articles demandés dans le marché car il y a plusieurs fournisseurs comme l'achat des moteurs. Cette catégorie offre des opportunités pour des gains intéressants car l'entreprise peut mettre les fournisseurs en concurrence et négocier des produits de substitution.

Achats critiques :

L'impact sur le profit est faible pour ces achats mais le Supply risque est fort c'est-à-dire que l'approvisionnement peut être complexe comme le marché d'électricité. Il faut donc garantir les volumes, piloter la relation avec les fournisseurs,...

Achats stratégiques :

Ce sont les plus importants car l'activité de l'entreprise dépend fortement de ces achats mais ils ne sont pas largement disponibles sur le marché par exemple les matières premières. Les stratégies adéquates sont concentration sur les prévisions, développer des partenariats avec les fournisseurs, analyser le marché, mettre en place une intégration verticale (intégrer l'activité d'un fournisseur à sa propre activité an rachetant l'entreprise de fournisseur).

Grâce à la matrice de Kraljic l'entreprise peut classifier les achats en quatre classes qui lui permettent de choisir la bonne stratégie d'approvisionnement et être plus compétitive.

4. Evaluation des fournisseurs :

Après l'identification des fournisseurs clés, l'entreprise doit les évaluer pour déterminer ceux qui répondent à un ensemble des critères. Après cette évaluation, l'entreprise limite le nombre de ces fournisseurs avec qui elle va collaborer selon le résultat de la présélection. Cette dernière permet de réduire le nombre de fournisseurs potentiels. La prochaine étape est de déterminer le meilleur fournisseur, cela peut être fait par appels d'offre si le produit à acheter est disponible et assez simple comme les stylos, les papiers, les écrous, les boulons,... Si cette condition n'existe pas (il n'y a pas suffisamment des fournisseurs qui vendent un article bien déterminé) l'entreprise procède à une deuxième évaluation comme les tests d'ingénierie ou bien une visite des sites des fournisseurs.

Objectifs de l'évaluation des fournisseurs :

L'objectif de l'évaluation est d'identifier les fournisseurs clés qui permet à l'entreprise d'augmenter son profit en réduisant les coûts d'approvisionnement et avoir des articles de qualité. Un deuxième objectif est de limiter les risques comme la défaillance d'un fournisseur, les critères de la qualité exigée non respectés, la quantité livrée insuffisante, délai de livraison non respecté,...Autrement dit identifier les fournisseurs capables de concevoir les articles avec l'entreprise, collaborer pour réduire les coûts et travailler sur les projets d'amélioration continue de la qualité.

Les critères d'évaluation des fournisseurs :

Selon Monczka (2005), les critères d'évaluation des fournisseurs que les Supply Managers doivent prendre en considération sont les suivants :

- Localisation : ce critère permet d'identifier les avantages et les inconvénients de la zone géographique des fournisseurs : la distance par rapport à l'entreprise, la stabilité géographique, la sécurité de pays, la stabilité politique,...
- Capacités des fournisseurs : ce critère mesure l'engagement envers la qualité, l'amélioration continue, les compétences et les talents de la main d'œuvre, nombre de grèves, le taux d'absentéisme de la main d'œuvre de fournisseur,....
- Différence culturelle et linguistique : ce critère comprend la culture de fournisseur et le degré de

difficulté pour communiquer avec le fournisseur.
- La structure des coûts : ce critère évalue les fournisseurs en termes des coûts totaux : coût de production, les coûts administratifs, les coûts des matériaux, les coûts de marketing,...
- Infrastructure : c'est pour évaluer l'âge et la qualité des bâtiments et des équipements.
- Les prix et les recommandations : ce critère examine les récompenses et les prix reçus par les fournisseurs comme le prix « Great Place To Work »,... et les avis de ses clients.
- Condition de travail : il mesure l'investissement accordé aux conditions de travail, aux pratiques de la santé, la sécurité de personnel,...
- Capacités technologiques : ça inclut les méthodes, les capacités d'ingénierie, les équipements, l'investissement en recherche et développement,...
- Capacités de gestion : il inclut l'expérience en gestion, les pratiques de planification, l'engagement envers la qualité, l'investissement, les formations des employés,...
- Conformité aux réglementations d'environnement : il inclut l'engagement envers la protection de l'environnement, la gestion des déchets toxiques, l'utilisation des produits respectueux de l'environnement,...
- Stabilité financière : ce critère mesure le niveau d'endettement, le capital disponible pour l'investissement,...
- Capacités IT (informatiques) : le niveau de l'intégration de la technologie, les liens et la communication électronique entre les différents services.
- Réseau de fournisseurs propre aux fournisseurs : ce critère permet de mesurer le risque qui peut être produit à cause de l'extension et de la complexité du réseau des fournisseurs.

- Rotation des employés : évaluer la stabilité de la main d'œuvre en analysant le nombre des nouvelles embauches par rapport aux licenciements.
- Capacités de la qualité : il comprend les assurances qualité, assurer la cohérence de la qualité pour la demande actuelle,...
- Evaluation de la clientèle : ce critère mesure le degré de dépendance des fournisseurs aux clients. Si le fournisseur dépend d'un seul client il se peut qu'il ne puisse pas se concentrer sur des nouvelles exigences (nouveaux clients).

En bref, l'entreprise évalue ses fournisseurs avant de s'approvisionner en produits surtout en nouveaux produits. Elle identifie les fournisseurs les plus fiables selon le score attribué à chaque fournisseur à la suite de l'évaluation pour minimiser les coûts d'approvisionnement, garantir la qualité et la quantité des produits et délivrance en temps.

5. Gestion globale des approvisionnements :

La recherche des nouvelles sources d'approvisionnement est indispensable pour l'entreprise pour rester compétitive. L'approvisionnement doit s'améliorer en fonction de temps et il faut avoir des progrès dans cette fonction essentielle de la Supply Chain. Les entreprises cherchent à réduire les coûts d'approvisionnement en identifiant les sources à bas prix qui peuvent être trouvées à l'étranger.

Approvisionnement mondial :

Les entreprises sont toujours sous pression pour réduire les coûts d'approvisionnement ce qui explique la motivation pour faire un approvisionnement mondial pour réaliser des économies. Par exemple, Dell a changé la localisation de son usine de fabrication, qui était basée à Irlande, à Pologne. Ce déplacement permettait à cette entreprise d'économiser trois milliards de dollars.

Une autre raison pour s'approvisionner du monde entier est de chercher des produits de qualité et découvrir des sources d'approvisionnement qui ont accès à des nouvelles technologies qui leur permettent de se différencier des autres.

Cependant, l'approvisionnement mondial présente des risques car les responsables doivent gérer des Supply Chains plus allongées et plus complexes. L'entreprise doit faire face à l'augmentation des délais de livraison (vu la distance géographique entre l'entreprise et son fournisseur), l'augmentation des stocks,...Donc l'entreprise ne doit pas se concentrer uniquement sur les sources d'approvisionnement à bas prix mais aussi sur le respect de délai de livraison, la qualité des produits,... comme on en a parlé dans la section d'évaluation des fournisseurs.

Recherche des fournisseurs mondiaux et classification géographique des approvisionnements :

Les gestionnaires d'approvisionnement classifient les fournisseurs selon leurs capacités géographiques. Cette classification permet à l'entreprise de choisir les fournisseurs qui peuvent potentiellement répondre aux besoins d'approvisionnement. Cette classification peut comporter :

- Fournisseur local : il dessert un nombre limité d'emplacements et des sites. Il faut avoir les données sur les sites de l'entreprise et les sites que les fournisseurs peuvent desservir.
- Fournisseur national : il dessert n'importe quel endroit dans le pays. Il faut donc savoir les pays que le fournisseur peut desservir de manière compétitive.
- Fournisseur régional : le fournisseur dessert plusieurs pays d'une même région comme l'Asie-Pacifique, l'Europe,...
- Fournisseur multirégional : le fournisseur dessert plusieurs régions.
- Fournisseur mondial : il peut desservir la plupart des pays du monde entier.

6. Négociation acheteur-vendeur :

La négociation est un processus de communication entre deux ou plusieurs personnes pour chercher un accord qui satisfait tout le monde.

En ce qui concerne l'approvisionnement, la négociation avec les fournisseurs est très importante pour trouver un bon accord. De ce fait, l'accord à long terme avec le fournisseur est un élément essentiel pour élaborer des stratégies qui peuvent optimiser les coûts d'approvisionnement. La négociation est importante mais elle n'est pas nécessaire pour n'importe quel processus d'achat car certains processus sont simples à réaliser et ils ne nécessitent pas des appels d'offres. La négociation aura lieu lorsque l'un de ces critères est vérifié :

- Les contrats présentent des sommes d'argent élevées.
- Accord nécessaire entre les parties concernées (l'entreprise et le fournisseur) sur les coûts et d'autres questions (la qualité, la date de livraison,...).
- Les exigences d'achat sont complexes.
- Les contrats vont être élaboré sur de longues périodes.

Les étapes de la négociation sont les suivantes :

- Identifier ou anticiper le besoin d'achat.
- Déterminer la quantité des produits dont l'entreprise a besoin.
- Communiquer les produits à acheter au fournisseur.
- Déterminer si la négociation est nécessaire.
- Planifier la négociation.
- Mener la négociation.
- Exécuter l'accord et le contrat.

Planification de la négociation :

Les négociations peuvent prendre de temps pour à exécuter donc la planification est très importante pour ce processus. Cette planification doit être établie par l'entreprise et le fournisseur et il faut qu'ils s'y engagent pour assurer le bon déroulement de la négociation et avoir un accord entre toutes les parties et atteindre les objectifs de la planification.

Pour réussir sa planification, un ensemble d'activités doit être réalisé par l'entreprise :
- Déterminer les participants à la négociation.
- Identifier les objectifs de la négociation.
- Analyser les forces et les faiblesses de l'entreprise.
- Collecte des informations pertinentes.
- Reconnaître les besoins des participants.
- Développer des stratégies de négociation.
- Réaliser des négociations sur chaque question.
- Inclure des membres clés à la négociation.

Pour être efficace dans la négociation, chaque participant doit comprendre ses besoins et les besoins des autres et savoir comment mener la négociation gérer les concessions.

Mener la négociation :

Après l'établissement de la planification, il arrive le temps de la négociation. Il est important de décider où la négociation doit être menée et il est préférable de mettre tous les participants à l'aise dans un environnement moins formel. Au cours de la négociation, les parties concernées doivent récapituler les points d'accord et évaluer leur progrès. A la fin de chaque négociation, il faut élaborer un compte rendu qui sera partagé à tous les acteurs pour résumer les résultats et identifier les points à discuter pour la prochaine négociation dans le cas de besoin.

Concessions :

Les concessions est une partie très importante dans le processus de négociation. La concession signifie que les parties impliquées dans la négociation doivent être volontairement flexibles pour réussir à avoir un accord. Comme évoqué précédemment, l'entreprise cherche souvent à collaborer avec les fournisseurs clés à long termes afin de minimiser les coûts d'approvisionnement et créer une relation de confiance avec ces fournisseurs. De même, en ce qui concerne les concessions, l'entreprise cherche des fournisseurs qui lui proposent des concessions pas à court termes mais à long termes c'est-à-dire des concessions durables pour continuer à travailler et collaborer avec eux.

Tenons l'exemple suivant de 4 fournisseurs qui proposent tous une concession de 200$ à une entreprise mais la différence réside dans la façon avec laquelle les 200$ sont présentés.

	C1	C2	C3	C4
Fournisseur 1	50$	50$	50$	50$
Fournisseur 2	125$	70$	0$	5$
Fournisseur 3	80$	60$	40$	20$
Fournisseur 4	200$	0$	0$	0$

C_i signifie la concession numéro i avec i={1,2,3,4}.

Dans le tableau, nous avons les scénarios de chaque fournisseur et l'entreprise doit décider avec quels fournisseurs doivent continuer à travailler à long termes selon l'évolution de la concession monétaire d'une concession à une autre. En analysant le tableau, on constate que les prix de la dernière concession (concession 4 : C4) pour les fournisseurs 2 et 4 sont minimes ou nuls (5$ pour le fournisseur 2 et 0$ pour le fournisseur 4). De ce fait, à long termes, il paraît que l'entreprise ne pourra plus gagner des concessions avec les fournisseurs 2 et 4 dans des nouvelles négociations c'est pourquoi elle doit travailler avec les fournisseurs 1 et 3 qui sont capables de proposer des concessions futures.

En bref, l'entreprise doit opter les fournisseurs qui proposent des concessions non seulement à court termes mais à long termes car la durabilité est un critère très important dans l'approvisionnement pour minimiser ses coûts.

Sources de pouvoir dans la négociation :

Le pouvoir dans la négociation est la capacité des parties impliquées à influencer les décisions. Ce pouvoir peut venir de plusieurs sources et les acteurs peuvent utiliser une ou plusieurs durant la négociation mais il ne faut pas utiliser excessivement ce pouvoir pour ne pas endommager les relations. Parmi ces sources on peut citer :

Pouvoir d'informations :

Ce pouvoir consiste à utiliser les données durant la négociation pour se renseigner, par exemple, sur les coûts des produits de l'autre partie afin de bien mener la négociation et faire des économies lors de l'achat des produits.

Pouvoir coercif :

C'est le pouvoir d'utiliser des sanctions et des pénalités qui peuvent échouer la négociation. Par exemple, si une entreprise a un grand pouvoir d'achat, elle peut utiliser cet avantage pour forcer les autres parties à faire des concessions.

Pouvoir légitime :

Ce pouvoir est lié à la position des personnes dans les entreprises en négociation. Par exemple, le vice-président peut prendre ou négocier les décisions avec les acheteurs.

Pouvoir d'expert :

La personne qui a un pouvoir expert est quelqu'un qui a une expérience confirmée dans un domaine particulier. Par exemple, des ingénieurs qualifiés qui ont une grande connaissance des produits peuvent faire partie de la négociation car ils comprennent ses compositions, ses fonctions et ses coûts.

Pouvoir de référence :

C'est un pouvoir possédé par les personnes qui se caractérisent par le charisme et qui peuvent influencer les autres parties dans la négociation.

Il existe donc plusieurs sources de pouvoir et on va maintenant citer les tactiques de la négociation.

Les tactiques de la négociation :

Les tactiques de la négociation sont les plans et actions utilisés pour mener la négociation. La compréhension de ces tactiques est très importante car chaque partie a souvent réfléchi à sa tactique lors de la planification de la négociation. L'objectif de la tactique est de convaincre l'autre partie pour se mettre d'accord sur un point. On peut citer comme tactique :

Le silence :

Généralement, le silence rend les négociateurs mal à l'aise car il est souvent un signe de dissatisfaction et les négociateurs doivent changer leurs offres pour avoir un accord.

Utilisation de pouvoir :

Comme on a indiqué dans la partie précédente, l'utilisation des sources de pouvoir est une tactique pour influencer les négociateurs.

Rareté des produits :

C'est une tactique utilisée par les vendeurs pour inciter les vendeurs à acheter. Par exemple, le vendeur peut informer l'acheteur que s'il retarde l'achat d'un produit il risque de ne pas le retrouver à cause de la rareté du marché.

Acceptation des prix bas :

Les vendeurs acceptent parfois les prix bas proposés par les acheteurs mais ils augmentent les prix après la signature de contrat.

Offre irréaliste :

C'est une tactique qui peut être réalisée par les vendeurs et les acheteurs. Ils font une offre irréaliste à un prix de vente très élevé ou bien une offre d'achat très faible. Par la suite, les négociateurs commencent à faire des concessions sur la première offre et l'autre partie les comprend comme un signe de négociation de bonne foi en espérant que l'accord final sera attractif pour tous les acteurs de la négociation.

Elévation des prix :

Cette tactique est utilisée par les vendeurs, ils préviennent les acheteurs que les prix de vente augmentent dans les prochains jours s'ils n'achètent pas aujourd'hui.

Meilleure et dernière offre :

Cette tactique aura lieu à la fin de la négociation. L'acteur qui fait sa meilleure et sa dernière offre est prêt à se retirer si les autres acteurs ne l'acceptent pas.

Négociation gagnant- gagnant ou perdant-gagnant :

Les négociateurs s'engagent à des négociations gagnant-gagnant ou gagnant-perdant. Les négociations gagnant-gagnant sont une collaboration qu'une concurrence entre les parties. Pour ce type, tous les acteurs de la négociation prennent quelque chose de valeur. Cependant, concernant les négociations gagnant-perdant, les acteurs ne sont pas prêts à faire des concessions car chaque acteur veut sortir le plus gagnant et tirer la majorité de la valeur au détriment des autres à la fin de la négociation.

On donne l'exemple suivant pour bien comprendre : un acheteur veut acheter un produit d'un fournisseur et le vendeur propose 250$ comme prix de vente mais il est prêt à lui vendre à 230$. L'acheteur peut donc proposer 230$ et il propose également au vendeur d'essayer tout d'abord le produit pour tester son efficacité. Ce type de négociation est du type gagnant – gagnant car le vendeur va obtenir le prix qu'il accepte et l'acheteur va tester le produit. Dans le cas d'une négociation gagnant-perdant, l'acheteur peut proposer 220$ avec un test de produit, un prix inférieur au prix minimum fixé par le vendeur (230$) donc le vendeur va être perdant s'il accepte l'offre de l'acheteur qui sera le seul dans ce cas.

La loi commerciale :

L'adhésion aux lois est une responsabilité professionnelle et éthique. Il y a des règlements et accords commerciaux qui s'appliquent à la gestion de l'offre y compris les exigences nationales et internationales. L'institut de la Supply Chain est une institution professionnelle qui fournit des guides pour comprendre les lois et les règlements. Il existe plusieurs lois que les responsables d'approvisionnement doivent comprendre et on va s'intéresser dans ce livre à le droit des agences et le droit de contrat.

Le droit des agences stipule les relations entre les parties, lorsqu'une partie (agent) accepte de représenter l'autre partie. Selon Arbuckle (2015), les agents ont le droit d'agir au nom d'une autre personne ou d'un groupe de personnes. Par exemple, les associés de l'entreprise nomment généralement un directeur général pour agir en qualité d'agent. Un mandant est une personne (ou un groupe de personnes) qui autorise un agent à agir en son nom. Par exemple, un acheteur étranger peut être légalement autorisé à acheter des biens et des services pour le compte d'importants acheteurs américains.

Concernant le droit de contrat, Selon Scheuing (1989) il fait référence à la manière dont une entreprise conclut des contrats avec d'autres, exécute ces contrats et corrige d'éventuels problèmes dans le processus. Le contrat peut être un contrat écrit qui constitue la meilleure preuve de la relation contractuelle de base. Les commandes sont l'une des formes les plus élémentaires de contrats écrits. Voici les conditions à respecter lors de l'utilisation du droit des contrats :

- Offre et acceptation : une offre est une proposition de contrat, de relation ou de travail à exécuter, et une acceptation est un accord pour une offre.
- Considération : les parties doivent accepter de renoncer à la valeur de quelque chose dans l'exécution du contrat et le processus de performance.
- Légitimité : le contrat ne doit couvrir que les questions juridiques.
- Capacité juridique : seules les personnes ayant la capacité juridique ou spirituelle de conclure des contrats peuvent le faire, dans le cadre de l'achat, ce contrat est conclu par une institution juridique.

Le contrat comprend quatre principaux concepts et aspects juridiques : indemnisation, conditions, rupture de contrat et propriété intellectuelle (PI), qui sont décrits ci-dessous :

- L'indemnisation vise à prévenir tout dommage, toute perte subie ou toute dépense encourue.
- Les conditions générales sont les réglementations, les

exigences, les règles, les spécifications et les normes générales et spéciales qui font partie intégrante d'un accord ou d'un contrat (Webfinance, 2015).
- La violation du contrat signifie que les obligations contractuelles n'ont pas été remplies sans justification légale.
- La propriété intellectuelle comprend la propriété résultant des connaissances et des processus créatifs, y compris les brevets, les marques de commerce et les droits d'auteur.

3.7. L'éthique des achats :

Selon Merriam-Webster (2015), l'éthique implique l'équité, l'impartialité ou l'injustice de conduite. Des codes ou des valeurs éthiques guident notre comportement. Le comportement éthique joue un rôle très important dans l'approvisionnement, car ce dernier affecte et contrôle des ressources financières en attribuant des contrats d'approvisionnement. Cela peut conduire des vendeurs qui ne respecte pas l'éthique à essayer d'obtenir un avantage injuste des acheteurs en offrant des pots-de-vin ou d'autres incitations économiques.

L'un des défis moraux est qu'il n'y a pas de consensus international sur ce qui constitue un comportement éthique à l'échelle mondiale. Par exemple, selon le rapport « Greek Reporter », le Parlement grec a déclaré que la méthode traditionnelle de corruption avec de petites enveloppes ne serait pas illégale, car il s'agit d'exprimer sa gratitude pour sa faveur (Onti, 2013). Cependant, dans de nombreux pays, la distribution de pots-de-vin dans de petites enveloppes peut entraîner l'emprisonnement.

8. Types de comportements contraires à l'éthique dans les achats :

Les organisations peuvent gérer le comportement éthique sur leur lieu de travail en créant des procédures de gestion éthique et en utilisant la gouvernance d'entreprise pour former les employés au comportement attendu. Ces organisations ne peuvent pas tolérer un comportement contraire à l'éthique ; cependant, en raison de la demande croissante de produits à bas prix, de la concurrence et de la disponibilité de produits contrefaits, divers comportements contraires à l'éthique existent toujours. Voici quelques exemples contraires à l'éthique qui existent dans les marchés publics :

Achats personnels :

Cela se produit lorsqu'un acheteur ou un service achète des biens ou des services pour des besoins personnels plutôt qu'organisationnels. Par exemple, l'achat d'un abonnement au gymnase ou l'utilisation des services de nettoyage à sec des employés peut créer un conflit d'intérêts. Dans certaines entreprises, les règles peuvent être différentes, mais la plupart des entreprises adoptent une approche de tolérance zéro à l'égard de cette pratique.

Conflits d'intérêts financiers :

Il est contraire à l'éthique d'attribuer un contrat basé sur les intérêts financiers d'une personne. En effet, cela signifie que l'entreprise est accordée au fournisseur non pas pour sa valeur, mais pour le bénéfice économique de l'acheteur. Par exemple, acceptons les pots-de-vin directement et attribuons des contrats aux entreprises sur la seule base de la propriété des membres de la famille proche. De nombreux employés de la société rédigent une déclaration annuelle indiquant qu'eux-mêmes ou les membres de leur famille n'ont aucun intérêt financier dans les entités qui font affaire avec la société, ou déclarent explicitement que de telles relations existent.

Acceptation des faveurs du fournisseur :

Cette catégorie comprend l'acceptation de cadeaux de fournisseurs. Par exemple, des dîners, des sorties de golf, des voyages gratuits, des billets pour des événements sportifs et même de l'argent. Un problème majeur que les fournisseurs préfèrent est que leur objectif est de permettre aux acheteurs de prendre des décisions d'achat basées sur des facteurs autres que la performance du fournisseur. Il est important pour les professionnels de l'approvisionnement de comprendre les règles et réglementations spécifiques concernant les préférences des fournisseurs.

Pratiques tranchantes :

Il s'agit d'un type de comportement destiné à tromper les fournisseurs, généralement avec des mensonges ou de la désinformation. Voici quelques exemples de pratiques avancées :
- Obliger les fournisseurs non qualifiés à soumissionner pour réduire les prix.
- Exagérer le volume d'achat pour réduire le coût unitaire, puis commander un volume inférieur.
- Profiter de fournisseurs financièrement difficiles.

Réciprocité :

Ce comportement accordera un traitement préférentiel aux fournisseurs qui sont également clients de la société acheteuse. Lorsque les acheteurs affirment qu'ils n'achètent pas des produits si les fournisseurs, à leurs tours, n'achètent pas des produits de l'entreprise acheteuse, ils ne feront pas affaire avec eux et la réciprocité peut exister.

3.9. Soutien des pratiques éthiques dans les achats :

Les organisations ont de nombreuses façons de promouvoir une pratique éthique. Si l'entreprise est assez grande, l'objectif est d'élaborer une éthique ministérielle pour guider chaque département, et tous les employés devraient voir un plan d'éthique dirigé par la direction. Le code d'éthique et le code de conduite sont déterminés par la culture de l'organisation, et tous les employés doivent comprendre et agir conformément aux politiques et procédures. Cette partie décrit comment atteindre cet objectif.

Les moyens pour soutenir le comportement éthique dans les achats :

La haute direction (le Top Management) doit s'efforcer d'établir une culture pour renforcer le comportement éthique et ne pas tolérer de violations éthiques. Les cadres supérieurs doivent également montrer l'exemple, ne pas s'en aller et, pire encore, agir de manière contraire à l'éthique. Lorsque les employés adoptent un comportement contraire à l'éthique, la direction doit réagir de manière appropriée. Cela peut inclure des mesures disciplinaires directes et immédiates contre ces employés.

L'entreprise doit également élaborer un code de conduite écrit, décrivant clairement comment les acheteurs et les fournisseurs doivent se comporter de manière éthique. Ces codes devraient être distribués aux participants et fournisseurs internes. Ils sont distribués aux fournisseurs car ils sont également tenus de respecter le code de conduite spécifié dans ces documents. En général, les organisations sont encouragées à élaborer et à appliquer des politiques qui soutiennent les principes et normes éthiques.

Voici d'autres exemples de la façon dont l'entreprise soutient le comportement éthique des employés en approvisionnement :

- L'organisation a des programmes de conformité et de formation obligatoires.
- Les organisations d'approvisionnement peuvent

choisir de faire tourner le personnel d'approvisionnement pour empêcher les acheteurs d'être trop à l'aise avec un groupe de fournisseurs particulier.
- Une façon avantageuse de promouvoir un comportement éthique consiste à nommer un inspecteur d'entreprise qui est chargé d'enquêter et d'essayer de résoudre les plaintes, les problèmes et les préoccupations.

Les principes professionnels et les normes éthiques :

L'Institute de la Supply Management est la principale association professionnelle pour les directeurs des achats et les gestionnaires des approvisionnements ; il a rédigé un document complet intitulé «Principes et normes pour un comportement éthique en matière de gestion des approvisionnements» (Supply Management Institute, 2014). Ce document reconnaît le rôle important de l'éthique dans l'industrie des achats. L'institut a développé un ensemble de principes généraux et de normes qui soutiennent ces principes.

Les politiques formulées et suivies par l'entreprise doivent être parfaitement appliquées. En particulier, les politiques éthiques doivent être partagées avec les employés (y compris les employés en dehors du service des achats) et les fournisseurs. De plus, la formation doit être continue et complète. Le code de conduite doit indiquer clairement l'impact d'un comportement contraire à l'éthique et doit être étroitement lié au comportement de l'entreprise. Cela peut être fait en associant un comportement contraire à l'éthique à des mesures disciplinaires telles que le licenciement si nécessaire.

Responsabilité sociale :

La responsabilité sociale et l'éthique des affaires sont souvent considérées comme le même concept. Cependant, la responsabilité sociale est un aspect de l'éthique des affaires. La prise de conscience de la responsabilité sociale commence par une prise de conscience accrue du public du rôle de l'entreprise et de son éthique dans la société. Ce sont les actions des entreprises qui contribuent au bien-être social et sont classées comme Responsabilité Sociale des Entreprises (RSE). Les grandes entreprises considèrent la RSE comme un élément important de leurs plans de gestion stratégique et de leurs fonctions commerciales juridiques, et ont des performances sociales, des investissements socialement responsables et le rôle de la citoyenneté d'entreprise mondiale. (Mc Williams, 2015).

4. La gestion de production

1. Types des plans de production :

Dans le plan de fabrication, aucun système ou méthode unique ne peut répondre aux besoins de toutes les entreprises. Le plan de fabrication est divisé en trois catégories, détaillées comme suit:

Plan de production poussé (Push) :

Pour ce type de production, l'entreprise prévoit de produire un nombre relativement constant de produits au cours de chaque période de planification, c'est-à-dire un nombre constant de produits par mois. Une façon de déterminer le plan de production consiste à diviser la demande annuelle prévue par 12 pour obtenir le tarif mensuel. Supposons que pendant la période initiale du calendrier de la demande, la productivité moyenne satisfasse la demande.

Par exemple, si la demande totale d'un client en janvier et février nécessite 30 000 unités, un plan de production de 10 000 unités par mois à partir de janvier ne fonctionnera probablement que si l'entreprise dispose d'un stock de sécurité pouvant couvrir 10 000 unités entre la production et la demande. Le stock de sécurité fait référence au stock utilisé pour compenser les erreurs de prévision et le délai de mise en œuvre (lead time) (c'est-à-dire le lead time qui dépasse le temps promis par le fournisseur). La planification de la production poussée permet généralement d'utiliser l'inventaire pour répondre à la demande pendant des périodes supérieures à la productivité constante. Les constructeurs automobiles assemblent généralement leurs véhicules à une vitesse relativement constante, ce qui indique une stratégie horizontale.

Plan de production tiré (Pull) :

Le deuxième plan de production est appelé plan de production tiré. Cette méthode peut maintenir un niveau de stock stable tout en modifiant la production pour répondre à la demande. La société poursuit sa demande. Par exemple, une entreprise qui met en œuvre le MTO (Make To Order) ne produira des marchandises que lorsqu'elle recevra des commandes réelles de clients.

Idéalement, dans cet environnement, les stocks de produits finis ne devraient pas s'accumuler, car la production n'augmente que lorsque la demande augmente. Certaines industries mettent en œuvre des stratégies de production tirée parce qu'elles n'ont pas d'autre choix. L'agriculture en est un bon exemple, car les récoltes doivent être récoltées à maturité. Les agriculteurs ne peuvent pas formuler de plans de récolte de fraises dans les 12 mois. Bien qu'il soit possible de stocker certaines cultures selon différents plans de production et de les traiter plus tard, la récolte réelle des cultures implique des stratégies de production tirée.

Stratégie hybride :

Le troisième type de stratégie de planification de la production est une stratégie hybride. Cette méthode reconnaît qu'il peut être préférable de produire et d'accumuler des stocks à un taux uniforme pendant une période de temps, puis de produire à ce taux pour répondre aux changements prévus de la demande. Cela représente une combinaison de planification tirée et poussée. Crayola fournit un bon exemple de stratégie mixte. Ce fabricant de crayons emblématique produit à un rythme relativement constant pendant un an, et a accumulé un certain inventaire, mais ajustera le plan de production en fonction des besoins de la rentrée. Les entreprises dont la saisonnalité a une influence significative sur les tendances de la demande adoptent généralement une stratégie hybride, qui peut ajuster la production en un an.

2. Processus et systèmes de planification et de contrôle :

Les systèmes de planification et de contrôle de la fabrication constituent une partie importante de l'infrastructure opérationnelle. La mise en œuvre comprend une série d'étapes de planification pour une exécution efficace. Ces étapes commencent à long terme, mais passent progressivement à une échéance de planification plus courte et plus précise. La figure ci-dessous met en évidence les éléments qui composent le système traditionnel de planification et de contrôle de la production

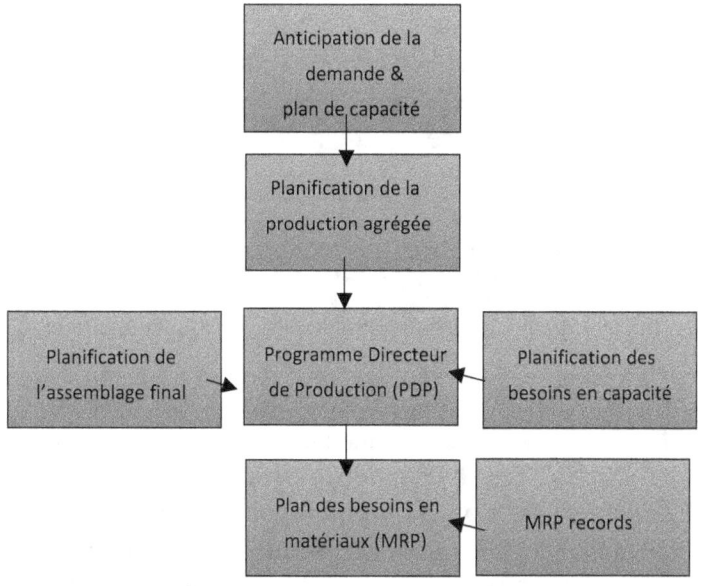

Figure : *Le système de planification de la production*

Dans les prochaines parties, nous détaillerons ce système traditionnel et nous parlerons de chaque étape séparément.

Anticipation de la demande et la planification de la capacité :

La demande estimée fait partie du processus du plan industriel et commercial (S&OP), qui implique l'élaboration de prévisions des ressources nécessaires pour un produit ou un service. Les estimations de la demande sont généralement limitées à une période de temps spécifique, comme un mois, un trimestre ou une année. Si les hypothèses d'entrée sont correctes, ce processus peut être utilisé pour générer des estimations assez précises. De nombreuses hypothèses de base peuvent être intégrées dans l'élaboration des estimations de la demande:

- Demande prévisionnelle des clients pour les produits finis: prévision de la demande future des clients.
- Commande réelle: promesse du client ou commande à exécuter dans un certain délai.
- Exigences de service et de pièces de rechange: de nombreux produits ont des exigences après-vente, telles que l'inventaire des exigences de service et de maintenance. La fourniture de cet inventaire représente la demande de production manufacturière.
- Ajuster les niveaux d'inventaire: les entreprises peuvent parfois ajuster les niveaux d'inventaire en fonction des changements dans leurs politiques ou processus. Ces changements auront une incidence sur l'augmentation ou la diminution de la production sur une période de temps. Par exemple, pour augmenter le stock de sécurité afin de prévenir les risques, il est nécessaire d'augmenter la production. Inversement, de nouveaux systèmes qui sont capables de réaliser une planification plus précise peuvent réduire le besoin de stocks de sécurité.

- Articles promotionnels de vente et de marketing: des exemples de produits utilisés par ces fonctions de vente et de marketing créent une demande pour la production.
- Rappels de produit (Product Recalls): un Product

Recall est un produit à retourner ou à remplacer après une découverte des soucis lors de sa fabrication. Ce type des produits peut devoir être remplacé; ces articles de remplacement consomment de la capacité de fabrication.

Une fois que la demande pour un certain produit ou service est comprise dans un certain laps de temps, la planification de la capacité peut être effectuée, ce qui comprend généralement les besoins en installations, services publics et équipements. Il est important de reconnaître que la capacité est dynamique, ce qui signifie qu'elle évolue constamment. À court terme, les entreprises peuvent influencer leurs capacités en commandant des heures supplémentaires, en augmentant les quarts de travail et même en sous-traitant des contrats à des tiers. Cependant, à moyen ou long terme, seulement en ajoutant de nouvelles installations et de nouveaux équipements, la capacité de production changera.

Planification de la production agrégée :

La planification agrégée est un plan de capacité à moyen terme qui prend généralement de 3 à 18 mois (Businessdictionary.com, 2015). Ce plan est utilisé dans un environnement de fabrication pour déterminer le niveau de production agrégé attendu et les ressources appropriées nécessaires pour fabriquer ces groupes de produits. Son objectif principal est d'équilibrer l'offre et la demande. Les plans agrégés sont complexes, ce qui signifie qu'ils ont des exigences différentes pour des périodes spécifiques à l'avenir.
Le plan agrégé comprend l'établissement des exigences de production mensuelles, trimestrielles ou annuelles pour des groupes de produits ou des gammes de produits qui répondront aux estimations de la demande; il nécessite des estimations précises de la demande en entrée. Des estimations précises de la demande proviennent généralement de données historiques sur la demande.
Le plan tient compte des besoins en capacité du plan de

demande exprimés dans la demande totale (par exemple tonnes, gallons ou unités). Ces indicateurs représentent la quantité d'équipement, de machines et de main-d'œuvre nécessaire pour répondre au plan de demande.

Les plans agrégés tiennent généralement compte des coûts connexes, tels que l'embauche, les licenciements, le transport des stocks, les heures supplémentaires et le manque de temps. De nombreuses entreprises utilisent des techniques sophistiquées pour développer des plans récapitulatifs. Ces techniques utilisent des outils logiciels pour fournir des plans d'optimisation pour aider à automatiser et soutenir le processus de planification.

Trois raisons principales du plan agrégé de l'entreprise:
- Équilibrer l'offre et la demande de production.
- Planifier en fonction des besoins futurs et déterminer les contraintes potentielles de ressources.
- Aider à planifier le transfert ordonné de la capacité de production pour répondre aux pics et creux de la demande attendue des clients.

Le plan agrégé fournit une vision future de la demande et permet aux entreprises de garantir, par exemple, un approvisionnement suffisant en matières premières et en composants auprès des fournisseurs pour répondre à la demande attendue et à la demande des fournisseurs. Les contraintes de ressources associées au plan agrégé peuvent inclure la main-d'œuvre, l'équipement, les matériaux et les contraintes financières. Étant donné que la demande de produits de nombreuses entreprises dépend de la saisonnalité, le processus de planification globale permet également de gérer les changements de la demande de manière ordonnée.

Le Plan Directeur de Production (PDP) :

Le PDP correspond aux besoins individuels des produits plutôt qu'aux composants, sous-systèmes ou composants qui composent ces produits. PDP s'appuie sur le plan de production agrégé comme principale source d'entrée. Ce plan fournit généralement une demande hebdomadaire de 6 à 12 mois.

Par exemple, le plan agrégé indique le nombre total de réfrigérateurs et de lave-vaisselle qui doivent être produits sur une base trimestrielle pour répondre aux besoins des clients anticipés. Ce nombre est utilisé comme entrée dans le PDP, où le nombre total de réfrigérateurs et de lave-vaisselle est subdivisé en modèles spécifiques de réfrigérateurs et de lave-vaisselle qui doivent être produits une fois par semaine chaque trimestre pour répondre à la demande prévue. Donc le plan agrégé est planifié par familles des produits (réfrigérateurs par exemple) à long terme et ce résultat est utilisé comme input pour le PDP afin de planifier la production par spécificité ou par modèle (modèles de réfrigérateurs) à court terme.

Le PDP est le principal apport du système de planification des besoins en matériaux (MRP), qui sera discuté par la suite. Les périodes antérieures du PDP peuvent être divisées en semaines, voire en jours, et les périodes ultérieures peuvent être divisées en plusieurs mois. Chaque entreprise décidera comment organiser son PDP en fonction des délais.

Planification des exigences en capacité :

La planification des besoins en capacité décompose la gamme de produits de l'entreprise, puis fusionne les besoins en capacité dans ces plans plus détaillés au niveau du poste de travail. Elle définit la courbe de charge, c'est-à-dire le nombre d'unités qui doivent être produites et le temps requis pour fabriquer ces produits dans chaque poste de travail afin de déterminer si une main-d'œuvre et des matériaux suffisants sont disponibles. Il s'agit d'un processus itératif, en particulier parce que le PDP peut être révisé quotidiennement, hebdomadairement ou mensuellement.

Si le plan des exigences en capacité indique une capacité insuffisante, l'opérateur peut décider:
- Externalisation du travail.
- Transférer le personnel vers des centres de travail surpeuplés.
- Embauche de nouveaux employés.
- Planifier les heures supplémentaires.

- Transférer le travail vers d'autres centres de travail.

Face aux contraintes de capacité, il faut répondre avec souplesse aux évolutions de la demande. La planification des capacités des usines est une technologie de contrôle utilisée par les entreprises de fabrication. Ce processus peut alerter les responsables d'éventuels problèmes de planification afin que le PDP puisse être modifié ou que des ressources puissent être ajoutées au besoin pour atteindre les objectifs de production (Turner et Everett).

Planification de l'assemblage final :

Le plan d'assemblage final (FAS) est un plan pour le produit final qui sera produit ou assemblé à partir d'éléments PDP. Il n'est généralement pas préparé à l'avance comme les PDP impliquant des articles de base, et ce plan d'assemblage distinguera le produit final qui peut varier selon la langue de l'étiquette et des instructions comme l'emballage, la peinture ou la finition.

Le plan d'assemblage d'une grande entreprise sous sa propre forme peut servir d'exemple. L'entreprise développe une demande totale qui répond à sa demande mondiale attendue. Plus tard, la société a décomposé son plan de synthèse en une série de sous-éléments qui représentent les plans d'assemblage. Bien que la demande des canaux de distribution nationaux représente la majorité de ses besoins d'emballage, la société dispose également de zones d'emballage spéciales qui peuvent gérer les expéditions vers le Moyen-Orient, le Canada, l'Amérique latine et les gouvernements d'Amérique centrale et d'Amérique du Sud et des États-Unis. Par rapport aux canaux de distribution nationaux, chacune de ces entités a différents emballages, étiquetages, instructions linguistiques et exigences d'expédition.

Planification des besoins en matériaux (Materials Requirements Planning : MRP):

Le système de planification des besoins en matériaux MRP est l'un des systèmes de planification de la production les plus importants et les plus reconnus. Il utilise un ensemble d'exigences PDP dans une période de temps donnée (par période) et génère un groupe de matériaux en plusieurs phases. Exigences relatives aux pièces et aux sous-ensembles pour soutenir les calendriers d'approvisionnement et de construction des produits semi-finis et des produits finaux. MRP est un système prospectif qui recueille des informations à partir de diverses sources et planifie d'éventuels événements futurs.

Chaque produit de l'entreprise, qu'il s'agisse d'un produit final vendu à un client, d'un composant ou d'une sous-composante d'un produit final (un composant avec un composant), possède un fichier MRP informatisé unique. Même si un certain composant est utilisé, par exemple, cinq éléments finaux différents n'auront toujours qu'un seul enregistrement MRP. Le système immobilier matrimonial consolidera les besoins en demande de cinq de ces projets et les affichera sous forme de numéro de synthèse dans les registres immobiliers matrimoniaux de la composante. Par exemple, une étagère standard peut être utilisée dans cinq types de réfrigérateurs différents, mais l'étagère n'a toujours qu'un seul enregistrement dans le système MRP.

Le système et les enregistrements MRP sont basés sur trois entrées de base. Des données incorrectes provenant des trois sources de données suivantes entraîneront des enregistrements MRP incorrects:

- Données de demande segmentées dans le temps de PDP: ces données constituent les besoins bruts de MRP.

- Mettre à jour la nomenclature (Bill Of Materials): la nomenclature est similaire à la formule du produit. Il répertorie les quantités de matières premières, composants et sous-composants nécessaires à la

fabrication ou à l'assemblage des produits.
- État actuel de l'inventaire des articles: ce nombre comprend tout l'inventaire disponible et n'est pas destiné à une autre utilisation. Certaines entreprises appellent cela un inventaire non engagé.

Plusieurs caractéristiques rendent les systèmes MRP et les enregistrements uniques. Premièrement, le système MRP est l'un des rares systèmes à considérer l'offre et la demande ensemble. La demande totale, la première ligne d'enregistrements et les refus de commandes planifiées, la dernière ligne d'enregistrements représentent la demande d'articles. Le chiffre d'affaires prévisionnel, le chiffre d'affaires prévisionnel de la commande et le budget disponible estimé sont liés au devis. La deuxième caractéristique unique est que le système MRP implique la planification et l'exécution. De plus, un système appelé MRP II est utilisé pour intégrer les ressources nécessaires à la planification des équipements afin d'obtenir une vue globale de la demande totale. MRP II couvre la planification opérationnelle et la planification financière et comprend un outil de simulation complet qui peut répondre aux questions sur la minimisation des risques.

Les enregistrements MRP :

Il ne faut pas oublier que chaque élément, pièce et sous-ensemble final possède un enregistrement MRP unique. Les colonnes verticales (voir le tableau ci-dessous) sont des périodes de temps. Si le fichier MRP est en unités de semaines, le cycle 3 représente trois semaines du cycle en cours. La période en cours est toujours considérée comme la période zéro.

Période	1	2	3	4
Besoin Brut (BB)				
Ordres Lancés				
Besoin Net (BN)				
Stock				
Ordres Prévus				

Avec ce tableau il faut identifier la quantité de stock de sécurité, le délai de mise en œuvre (lead time) et la taille de lot avant de le compléter. Dans la suite, on expliquera chaque terme que les responsables de production doivent comprendre:

- Besoin brut: il s'agit de la ligne de demande totale ou de la ligne de demande non ajustée pour l'enregistrement MRP. Il provient du PDP. C'est la demande planifiée ou la commande réelle des clients.
- Ordres lancés : tous les articles en cours de fabrication ou déjà commandés auprès de fournisseurs apparaîtront dans le créneau horaire lorsqu'ils seront disponibles. Ce ne sont pas des éléments planifiés, mais des bons de travail réels ou des travaux en cours.
- Besoin Net : c'est la quantité réellement nécessaire d'un article donné en tenant compte de stock disponible, des ordres lancés et du stock de sécurité.
- Stock : il s'agit de la quantité d'inventaire physique qui devrait être disponible à la fin de chaque période; c'est également l'inventaire initial de la période suivante.
- Ordres prévus : ce sont les commandes futures prévues, et elles seront ajustées en fonction du délai de mise en œuvre (Lead Time). Par exemple, si la réception d'ordres planifiés d'une entreprise pour la période 4 comporte deux périodes, le nombre d'ordres prévus sera affiché pendant la période 2.

- Stock de sécurité : il s'agit de toute liste de contrôle de sécurité mise en œuvre pour éviter les ruptures de stock, et ces listes de contrôle ont été intégrées dans le fichier et le plan MRP. Techniquement, par exemple, cinq unités de stock de sécurité signifient que le stock disponible ne doit pas être inférieur aux cinq unités de l'enregistrement MRP.
- Lead Time : cela représente le temps requis pour recevoir la quantité commandée d'un article auprès d'un fournisseur.
- Taille de lot : cela signifie que chaque fois que le stock disponible estimé est inférieur à la demande totale pour la période suivante, le lot manquant sera fabriqué ou commandé auprès du fournisseur. Par exemple, un lot de 60 pièces signifie que ces articles seront fabriqués ou commandés par incréments de 60 pièces. Si 61 articles sont requis, un plan de commande pour 120 articles sera généré.

Considérations en planification :

Les quatre principales considérations liées aux systèmes de planification comprennent les charges limitées et illimitées et la planification avant et arrière. Ces concepts sont expliqués ci-dessous :

- La charge infinie ne suppose aucune limite de capacité. De cette façon, le système de planification peut simplement attribuer la priorité à chaque tâche en attente de travail. Au moins, le système n'a pas essayé de charger le travail sur un poste de travail spécifique ou une machine spécifique. L'avantage de cette méthode est le manque de complexité.
- Lors de la répartition du travail, la charge finie tient compte des capacités du poste de travail. Le système de chargement complet donnera non seulement la priorité au travail à traiter, mais allouera également des ressources pour effectuer le travail.

- Le système de planification en avant (la pré-planification) affecte le travail à la première période non affectée dans le poste de travail. S'il n'y a pas de commande du client, cette méthode est plus susceptible d'être utilisée. Cela peut être la méthode utilisée par les entreprises opérant dans l'environnement MTS (Make To Stock) c'est-à-dire les entreprises qui planifient leurs productions en fonction des prévisions des ventes tandis que les entreprises MTO (Make To Order) construisent leurs planifications en fonction des commandes réelles des clients. L'avantage de la pré-planification est que les entreprises peuvent planifier pour maximiser l'efficacité, par exemple en minimisant certains types de remplacement d'équipement entre les travaux. Le travail peut être organisé pour assurer l'utilisation la plus efficace des ressources de main-d'œuvre et d'équipement.
- Planification rétrospective autour de la date promise au client. Une fois l'engagement de la date d'échéance noté, un ordonnanceur de production détermine la meilleure façon de livrer à cette date. Il s'agit d'une approche recommandée chaque fois qu'une entreprise doit absolument respecter des dates de promesse précises à ses clients; elle s'applique à la fois aux fabricants et aux fournisseurs de services.

Contrôle de production :

Une partie importante du plan de fabrication et d'exploitation est d'assurer une exécution précise et efficace du plan de production, c'est ce qu'on appelle le contrôle de la production. Au niveau technique, le contrôle de production comprend toutes les activités liées à la manutention des matériaux, pièces, composants et sous-ensembles, de la phase initiale à la phase finale du produit fini, de manière organisée et efficace. Il peut également inclure des activités telles que la planification, les itinéraires, le transport et l'entreposage.

Une série de mesures de contrôle de la production sont généralement utilisées pour indiquer si le système de production est sous contrôle. Voici quelques mesures de contrôle:
- Précision de la prévision.
- Exactitude des enregistrements d'inventaire.
- Utilisation et efficacité des travailleurs et des équipements.
- Déchets par rapport au budget.
- Respect d'horaire de travail.
- Livraison aux clients à temps.
- Comptabilité précise des travaux en cours.
- Production de produits finis.
- Indicateurs de contrôle statistique de process.

3. Compréhension des mesures :

Les mesures de la performance sont des mesures quantifiables utilisées par les entreprises pour mesurer, surveiller et évaluer divers processus. Les paramètres peuvent varier d'une entreprise à l'autre. Avec le développement d'indicateurs clés, les entreprises peuvent choisir de les agréger dans des tableaux de bord pour permettre aux décideurs de gestion de comprendre la performance de l'organisation et de déterminer les actions à entreprendre en fonction des domaines de moindre performance.

Pour formuler des indicateurs de performance, la plupart des organisations utilisent un processus en cinq étapes. Le processus est démarré en déterminant le processus à mesurer, en définissant les limites supérieure et inférieure d'acceptabilité, en définissant le processus de collecte de données et en mettant à jour le graphique pour déterminer l'objectif de chaque mesure. Ensuite, l'entreprise signale   et prend les mesures nécessaires lorsque les résultats de mesure indiquent qu'un processus est en dehors de la plage acceptable.

La coopération au sein de l'organisation est nécessaire pour mettre en œuvre des plans d'action significatifs. Après avoir atteint un consensus sur ce qui doit être mesuré, il est souvent difficile de parvenir à un consensus sur la limite de mesure, le processus de collecte de données et le moment de prendre des mesures d'amélioration.

Mesure de la performance :

La mesure incite les individus et les groupes à prendre certaines façons. Il est important que ces mesures soutiennent le bon type de comportement pour soutenir les objectifs organisationnels, et non des objectifs étroits ou parfois contradictoires. Cette mesure permet également d'identifier les domaines qui ont le plus besoin d'amélioration et fait partie intégrante du processus d'amélioration continue.

Une autre raison de mesurer les performances est de déterminer le taux de changement. Cette mesure fournit une vue d'ensemble des performances au fil du temps, que les gestionnaires peuvent utiliser pour planifier le futur. La mesure communique également un contenu important à l'organisation et aux partenaires de la chaîne d'approvisionnement.

L'évaluation des performances soutient également des principes importants de gestion de la qualité. La mesure est le moyen idéal de communiquer les besoins et les attentes de l'organisation et tout au long de la chaîne d'approvisionnement. Cette mesure aide également les gestionnaires à baser leurs décisions sur des données objectives plutôt que sur des impressions subjectives, qui est un autre principe de qualité important. Le processus de mesure est également un excellent moyen de promouvoir l'amélioration continue, et cette exigence ne disparaîtra jamais. Une fois l'objectif de performance atteint, un nouvel objectif plus ambitieux peut être établi.

Un autre aspect de l'évaluation du rendement est le rendement des employés. Les employés sont généralement évalués sur la base d'indicateurs, payés en fonction des performances et des indicateurs, et peuvent adhérer à des plans de rémunération importants en fonction des performances des employés. Les mesures individuelles et d'équipe peuvent être personnalisées en fonction de l'excellence et des performances historiques et des performances futures attendues.

Caractéristiques des mesures de rendement efficaces :

Les principes suivants servent de guide pour l'évaluation d'un système de mesure du rendement :
- Les objectifs de rendement sont examinés régulièrement et ajustés par la direction.
- Les indicateurs sont liés aux stratégies et aux objectifs fonctionnels et à l'échelle de l'entreprise de haut niveau et les soutiennent.
- Les mesures sont liées aux stratégies et aux objectifs de rendement d'autres fonctions et les appuient.
- Les individus ou les groupes sont tenus responsables de l'atteinte des résultats de rendement.
- Les mesures favorisent le travail d'équipe, l'amélioration continue et la coopération inter-fonctionnelle.
- Les mesures constituent la base de la communication des résultats aux cadres supérieurs.
- Les mesures comprennent des déclencheurs qui indiquent quand des tâches de contrôle de processus sont nécessaires.
- Les mesures comprennent des plans bien définis sur la façon d'atteindre chaque mesure.

4. Mesures et catégories de la performance :

Chaque département fonctionnel d'une entreprise ou d'une autre organisation a développé une procédure de mesure pour assurer la mesure, l'enregistrement et le reporting de ses processus clés, et pour s'assurer que les données montrent qu'un processus a dépassé les limites acceptables. Dans le processus d'élaboration, il est très important de comparer les paramètres de mesure avec d'autres éléments de la chaîne d'approvisionnement et d'autres groupes fonctionnels pour s'assurer que ces paramètres supportent les autres processus.

Les opérations de production et de service dépendent de fonctions telles que la planification de la demande et l'approvisionnement pour produire des opérations telles que les opérations d'entreposage, le transport et la gestion des stocks. Par conséquent, il est nécessaire de garantir le bon déroulement du processus; les mesures visant à mesurer la performance de l'ensemble de l'organisation doivent être favorables et doivent se concentrer sur l'amélioration continue pour atteindre les résultats souhaités. Des exemples de mesures opérationnelles de fabrication et de service sont divisés en différentes catégories :

- Performance de livraison : le temps de réponse et de résolution client, le nombre des commandes livrées à temps avec les exigences des clients...
- Performance de la qualité : retours de garantie, incident de service résolu, mise au rebut,...
- Performance de cycle de temps : temps écoulé pour fabriquer un produit, changement de machines en heures supplémentaires, temps de configuration des machines, état de préparation des équipements,...
- Performance de sécurité : nombre et sévérité des accidents et des incidents, accidents et incidents environnementaux, incidents de non-conformité réglementaire,...

- Performance des coûts : coût total pour fabriquer un produit, coûts de main d'œuvre, coûts de maintenance des machines, coûts de formation des employés,...

5. Rôle de la technologie :

La technologie comprend diverses innovations et outils pour traiter les informations et les convertir en formats utilisables. Sur la base de l'ordinateur, il existe de nombreux autres outils de communication et outils d'automatisation industrielle dont l'automatisation est devenue un catalyseur de productivité qui peut accélérer le flux de matières premières et la conversion des produits finaux.

Dans le passé, la plupart des tâches et des flux d'informations entre les groupes fonctionnels et les clients étaient exécutés manuellement. Dans de nombreux cas, ces méthodes manuelles de négociation et de communication sont inefficaces, peu fiables, longues et sujettes aux erreurs. Ceci est coûteux et inefficace car il réduit l'efficacité commerciale dans la conception, le développement, la production, la distribution et la livraison de biens et services.

L'infrastructure technique d'aujourd'hui est complexe et complète car la plupart des données et des transactions sont conçues pour passer par des systèmes formels, des réseaux de communication, des bases de données et des systèmes d'exploitation. En fait, ces fonctions soutiennent les plans d'amélioration des affaires et soutiennent le développement, la gestion et le maintien des relations entre les organisations en fournissant un mécanisme de partage commun pour communiquer les informations de base.

L'un des éléments pour unifier et coordonner la Supply Chain est les systèmes d'information et les technologies utilisés dans ces systèmes. Dans l'environnement extrêmement concurrentiel d'aujourd'hui, le succès et même la survie d'une entreprise dépendent généralement de la compréhension, de l'utilisation et de l'application de la technologie.

6. Types des systèmes :

Les technologies discutées ici sont divisées en technologie de l'information et technologie des processus. Selon les recherches de Sanders (2013), les technologies de l'information aident à réaliser la communication, le traitement et le stockage des informations, tandis que la technologie des processus est utilisée pour améliorer le processus de création de produits et de services.

Un exemple de technologie de l'information est l'utilisation d'Internet, qui permet au commerce électronique de connecter les clients et les acheteurs. Une autre utilisation des technologies de l'information discutée dans ce module d'apprentissage est ERP (Enterprise Resource Planning), qui utilise un logiciel pour coordonner et intégrer la planification des ressources dans l'entreprise.

La deuxième forme de technologie est la technologie des processus qui, selon Sanders (2013), est utilisée pour améliorer le processus de création de produits. Un exemple est le système logiciel de CAD. Les ingénieurs et les concepteurs utilisent cette technologie pour créer des conceptions de produits et transférer ces données de conception aux centres d'usinage automatisés de la fabrication. Avec la CAD, l'impression 3D (anciennement connue sous le nom de stéréolithographie) est largement utilisée pour créer des modèles et des prototypes pour vérifier les conceptions.

Enterprise Resource Planning ERP :

Le système ERP facilite la circulation de l'information entre les fonctions commerciales de l'entreprise avec les clients et les fournisseurs externes. Selon Sanders (2013), le système ERP fournit une vue en temps réel des processus commerciaux clés au sein de l'entreprise, y compris la production, le traitement des commandes et la gestion des stocks. Dans le passé, ces industries clés avaient tendance à utiliser des systèmes indépendants qui n'étaient pas faciles à partager des informations ou à promouvoir des normes de données communes. Par exemple, les départements de comptabilité, d'achat, d'inventaire et de vente utilisent chacun des systèmes différents qui ne peuvent pas être bien intégrés avec d'autres systèmes. Les activités opérationnelles de base entre les départements de reporting et de suivi sont longues et peu fiables.

Le système ERP offre la possibilité de traiter les informations de certains services de l'organisation et différents types de transactions dans une seule solution intégrée. La solution peut suivre et fournir des informations précises et en temps opportun aux chefs d'entreprise (Leoni, 2012). Pour le système ERP, il n'est pas nécessaire d'exporter les données de plusieurs systèmes indépendants pour obtenir le jeu de résultats requis, ni de signaler que le système ERP permet à tout le personnel autorisé de l'entreprise d'accéder aux informations dont il a besoin.

Des informations telles que les quantités de production, les attributs de produit et les capacités de fabrication son utilisées pour prendre des décisions; ces informations proviennent des machines et des processus utilisés dans la fabrication. Les capteurs, les commandes et les opérateurs de machines collectent des données, telles que la quantité de production, la quantité de production restante et les principaux attributs de qualité, et transmettent ces informations au système ERP pour intégration et analyse.

Système de surveillance d'état :

Les installations et équipements de fabrication sont conçus pour remplir des fonctions spécifiques. Une fois la configuration et le processus définis et approuvés, il est généralement possible de déterminer les conditions physiques qui indiquent une défaillance imminente en utilisant un système de surveillance.

Dans ce cas, il est possible de réparer ou de supprimer l'élément du service avant le dysfonctionnement. Le dispositif de surveillance est utilisé pour détecter l'état continu du dispositif et pour avertir l'opérateur lorsque le fonctionnement se détériore.

Cela entraînera l'arrêt de l'équipement afin d'éviter des blessures à l'opérateur ou l'endommagement d'équipement. Un exemple de l'arrêt automatique d'un appareil contrôlable est le remplissage de bouteilles de Coca-Cola. Si la machine est pleine de bouteilles, elle s'arrêtera automatiquement.

Computer-Aided Design (CAD) :

CAD est un système qui utilise des ordinateurs et des logiciels graphiques complexes comme outils de conception de produits. Ces systèmes permettent aux concepteurs de développer, d'ajuster et de revoir rapidement et facilement des conceptions. La conception du produit est enregistrée électroniquement; lorsque la conception doit être modifiée, elle peut être facilement modifiée. De plus, de nombreux progiciels de CAD disposent d'une bibliothèque de pièces standard qui permet d'accéder facilement aux pièces universelles disponibles dans le commerce.

La CAD peut également être utilisée pour tester comment différentes tailles, tolérances et matériaux s'adaptent à différentes conditions. Par exemple, des tests peuvent être effectués pour évaluer comment différentes pièces sont soumises à diverses conditions, telles que des charges variables et des changements de température. Cela se fait sur l'ordinateur à l'aide d'un logiciel de CAD avec des calculs de conception intégrés.

L'utilisation extensive de la CAD convient aux environnements de fabrication. La CAD a la capacité d'intégrer la conception des produits dans le processus de fabrication au niveau de la machine. Les données CAD réelles sont utilisées pour programmer la machine de production (appelée fabrication intégrée par ordinateur). Le transfert de données de cette manière peut réduire les erreurs de programmation de la machine et accélérer la configuration et l'exécution de la machine.

Fabrication intégrée par ordinateur :

La fabrication informatisée fait référence à l'intégration des données de conception des produits et des plans de processus pour la fabrication des produits. Ces types de systèmes intègrent des fichiers de données CAD avec des machines-outils. L'objectif principal de ces types de systèmes intégrés est d'obtenir une réactivité et une flexibilité plus élevées entre les différents services de l'organisation. Ils permettent aux entreprises de répondre plus rapidement aux besoins des clients, de concevoir de nouveaux produits, de réviser les conceptions existantes et d'intégrer de nouveaux matériaux et technologies dans les produits.

7. Automatisation :

De nombreuses entreprises ont intégré l'automatisation et la mécanisation; elles sont bien adaptées aux travaux répétitifs et réalisent une production à haut débit grâce à des processus répétitifs, discrets et continus. L'automatisation se produit lorsque le système contrôle le fonctionnement de l'équipement et prend des décisions concernant l'emplacement et le flux des produits. Par exemple, si une palette en cours est stockée entre les postes de travail, le système de contrôle décidera où déplacer la palette selon l'algorithme du système. Pendant le processus de fabrication, il peut être placé près du poste de travail le plus proche qui a besoin de ces pièces.

Atteindre les objectifs de développement durable et d'efficacité est un défi pour la gestion de la chaîne d'approvisionnement. Les leaders de l'industrie sont préoccupés par une croissance durable dans tous les processus, car les processus incohérents sont inefficaces et mauvais pour les entreprises. L'automatisation des processus dans la chaîne d'approvisionnement peut aider les entreprises à utiliser pleinement les ressources disponibles tout en offrant un meilleur service client (Rauscher, 2014). Pour appliquer et maintenir avec succès des processus cohérents dans la chaîne d'approvisionnement, il existe des systèmes de traitement mécanique qui peuvent automatiser les processus, tels que:

Les convoyeurs :

Dans les opérations de fabrication, les bandes transporteuses sont utilisées pour déplacer et transporter les produits entre les postes de travail. Les convoyeurs fournissent une méthode sûre et efficace de manutention de grandes quantités de matériaux; ils ont des barrières programmables qui peuvent déplacer les matériaux vers des postes de travail ou des destinations spécifiques. Livrer des colis au FedEx Sorting Center de Memphis, Tennessee, les colis sont transportés sur un tapis roulant de plusieurs kilomètres par jour, cela permet de gérer plus de 3 millions de colis par jour aux heures de pointe. Le convoyeur est équipé d'un dispositif de lecture optique électronique, installé sur un obstacle, qui lit le code à barres sur l'emballage puis dirige automatiquement chaque colis vers sa destination.

Les robots :

Des robots sont utilisés pour soutenir le travail manuel dans le processus de fabrication; dans certains cas, la robotique a remplacé les manuels. La technologie des robots a été introduite à l'origine dans la fabrication pour remplacer les opérations et les tâches nocives pour le corps humain, telles que l'épuisement de la fumée lors de la peinture de voitures ou le soudage de châssis de voitures. Ces fumées peuvent émettre des étincelles dangereuses. De nos jours, dans la plupart des cas, le robot est composé d'un bras de robot, qui est utilisé pour des tâches très spéciales, y compris les opérations de soudage et de peinture, les opérations de sous-assemblage et les outils de chargement et de déchargement. Machines (Sanders, 2013). Cela peut augmenter la vitesse et la précision de fonctionnement, et est particulièrement utile lors de l'exécution de tâches difficiles.

Sanders (2013) explique comment certains robots peuvent devenir assez simples et exécuter des jeux d'instructions répétés dans des situations assez complexes. Un bras de robot qui se soude à travers une série d'étapes est une forme simple de robot. Un type de robot plus complexe peut être une machine à commandes numériques. Ces types de machines sont contrôlés par des ordinateurs et effectuent une variété de tâches continues, y compris le perçage, le perçage et le tournage de pièces de machine pour obtenir les différentes formes et tailles requises.

L'automatisation industrielle :

L'automatisation industrielle est un terme large qui décrit l'utilisation de machines intelligentes dans des environnements de fabrication pour permettre à des processus spécifiques d'être exécutés avec une intervention minimale. La machine a besoin d'un système de contrôle pour la rendre intelligente. Les systèmes de contrôle des machines peuvent être électriques, mécaniques, hydrauliques, pneumatiques ou informatiques; généralement, plusieurs systèmes de contrôle peuvent être combinés en un seul système de contrôle.

Les principaux avantages de l'automatisation industrielle comprennent des opérations allégées et des besoins en main-d'œuvre réduits, qui offrent toujours une excellente qualité, une précision reproductible et une excellente satisfaction du client. La robotique, les lasers qui effectuent le soudage de précision sur les composants mécaniques et le soudage sur les microcircuits, et la fabrication informatisée intégrée qui contrôle les opérations d'usinage telles que le tournage, le fraisage, la coupe et le perçage en sont tous des exemples de l'automatisation industrielle utilisée aujourd'hui.

8. Les technologies émergentes :

L'innovation technologique se déroule rapidement, ces changements permettent à l'entreprise de combiner l'amélioration de la productivité avec la fourniture de nouveaux produits. Dans cette unité, trois nouvelles technologies: l'impression 3D, la conception Web adaptative et la technologie cloud seront introduites.

L'imprimante 3D :

Le processus désormais appelé impression 3D est une technologie qui remonte au processus de stéréolithographie ou de fabrication additive il y a quelques années. Le matériel de lithographie coûte cher, et seules les grandes organisations travaillant sur de nouvelles conceptions à tolérance stricte peuvent l'utiliser car elles en ont besoin. Récemment, les imprimantes 3D sont devenues abordables et ont remplacé des formes de stéréolithographie plus anciennes et plus chères.

La technologie numérique 3D permet d'imprimer des solides 3D de presque toutes les formes et tailles à partir de modèles numériques ou de conceptions CAD. Le processus supplémentaire applique des couches successives de matériau jusqu'à ce que l'objet souhaité soit créé.

Sanders (2013) a souligné que les imprimantes 3D peuvent être utilisées pour fabriquer des produits utilisant des matières premières en plastique, en céramique ou en métal. L'avantage de cette technologie est de créer des prototypes de produits au cours du processus de conception. Le prototype peut être utilisé pour prouver la nouvelle conception et vérifier l'adéquation de la conception lors de l'assemblage de différentes pièces.

Lorsqu'il n'est pas rentable d'acheter et d'installer des équipements coûteux conçus pour la production de masse ou la production à long terme, les imprimantes 3D peuvent également être utilisées pour la production à petite échelle et en petits lots. Cela est également très efficace lorsque l'objectif est de produire un seul produit, ce qui signifie qu'il existe une demande ou un besoin pour un seul produit. Ceci est particulièrement utile pour remplir des commandes de conception vraiment personnalisées pour les clients.

Dans les opérations de service, l'impression 3D est particulièrement courante pour la refonte et la fabrication de pièces détachées qui ne sont plus produites ou disponibles. Lorsqu'un technicien essaie de réparer ou de reconstruire des machines coûteuses et constate que les pièces défectueuses ne sont plus disponibles, il peut travailler avec des opérateurs CAD pour réorganiser les pièces en créant de nouvelles conceptions numériques pour les anciennes pièces et utiliser ensuite cette conception pour créer des objets sur l'imprimante 3D.

Pratiquement tous les types d'industries productrices de biens peuvent bénéficier de l'utilisation de l'impression 3D pour créer et vérifier un article prototype avant sa production en fournissant à un client un article unique.

Le site Web adaptatif :

À mesure que l'utilisation des appareils mobiles augmente, de nombreuses personnes les utilisent pour accéder à l'information afin d'examiner les conceptions, les schémas de processus et les composants dans l'environnement de fabrication. Les entreprises qui développent et conçoivent des sites Web doivent concevoir ces sites pour être consultés sur un large éventail d'appareils portatifs comme les téléphones intelligents et les tablettes.

Responsive Web Design (RWD) ou le site Web adaptatif est un processus pour concevoir le contenu du site Web qui s'adapte à différents appareils pour faciliter l'affichage de l'information désirée.

L'objectif de conception est de fournir une expérience de visualisation optimale qui comprend une lecture et une navigation faciles avec un minimum de redimensionnement, de panoramique et de défilement.

L'utilisation des technologies Cloud :

L'informatique en Cloud permet aux utilisateurs de services informatiques de stocker et de traiter leurs données dans des centres de données tiers, qui sont des ordinateurs appartenant à un tiers avec des dispositions flexibles pour ajouter de la capacité à mesure que le nombre d'utilisateurs augmente. Un aspect clé de l'informatique en nuage est le partage des services informatiques. Dans cet environnement, les données ne résident pas sur un seul ordinateur personnel ou ordinateur central.

Il repose sur des ordinateurs qui sont plus largement accessibles aux utilisateurs qui en ont besoin et qui paient pour leur utilisation. En effet, le cloud permet aux entreprises d'utiliser des services informatiques à niveaux avancés et des logiciels situés sur un serveur central, et de ne payer que les services utilisés, elles n'investissent donc pas dans du matériel ou des logiciels coûteux. Avec l'informatique en nuage, de nombreux utilisateurs peuvent accéder à un seul serveur pour récupérer et mettre à jour les données sans acheter de licences pour différentes applications. Un exemple de fabrication du nuage pourrait être l'utilisation de logiciels de CAD; une entreprise pourrait avoir besoin de concevoir un produit, mais ne voudrait pas investir dans des logiciels de CAD, ce qui peut être très coûteux. Il suffirait de payer des frais pour le service informatique en nuage nécessaire à la conception du produit.

9. Opérations de service de maintenance :

L'état de préparation attendu de l'équipement de fabrication utilisé pour créer des produits a un effet significatif sur la capacité d'une entreprise à répondre à la demande de ses clients et sur sa rentabilité. Les pannes et les défaillances d'équipement perturbent les processus de fabrication, créent du temps de travail inutilisé et peuvent avoir une incidence sur les engagements de livraison des produits aux clients.

    L'état de préparation de l'équipement dépend du temps pendant lequel l'équipement ou la machinerie fonctionne pour produire des biens. Aucune pièce d'équipement ou de machinerie n'est disponible 100 % du temps, en raison de facteurs tels que les pannes et l'entretien courant planifié. De plus, la machinerie et l'équipement ne fonctionnent pas toujours à la vitesse de sortie prévue en raison de l'usure, d'une configuration inadéquate ou d'une mauvaise installation. Le matériel de fabrication doit être entretenu périodiquement, un peu comme une voiture ou tout autre système mécanique avec plusieurs pièces mobiles et assemblages. Il est clair que l'état de préparation de l'équipement contribue à la capacité d'une opération de fabrication à exécuter les processus de manière optimale et à atteindre les objectifs de production.

La fonction de la maintenance :

    L'objectif principal de la fonction de maintenance est de planifier les activités et les tâches de travail pour atténuer les défaillances de l'équipement. Idéalement, la maintenance devrait être effectuée pour prévenir les défaillances de l'équipement en remplaçant les composants et les pièces avant qu'ils ne se cassent, en effectuant des révisions planifiées, des graissages et des réglages.

    Toutefois, même avec le meilleur programme d'entretien préventif, l'équipement peut se casser ou ne pas fonctionner conformément aux spécifications prévues. Lorsque cela se produit, la maintenance doit avoir le personnel formé nécessaire et l'accès aux pièces de rechange pour rendre rapidement et efficacement la machine opérationnelle.

    La fonction de maintenance existe principalement pour fournir un service aux opérations afin de s'assurer que l'usine et l'équipement sont sûrs, fiables et disponibles pour la fabrication.

La variété des fonctions de maintenance :

La maintenance a pour but de s'assurer que les processus de fabrication et de services demeurent opérationnels afin d'assurer un flux continu et fluide des matériaux et des processus, comme indiqué ci-dessous :

- Réparations par dépannage : les réparations par dépannage sont effectuées sur des équipements ou des machines qui sont tombés en panne en cours d'exploitation normale.
- Révision : processus de réparation et d'entretien d'une pièce d'équipement ou d'une machine pour la remettre en état de fonctionnement.
- Reconstruction : processus de construction d'une pièce d'équipement ou de machinerie en état de fonctionnement après qu'elle a atteint la fin de sa durée de vie normale ou après qu'elle a été endommagée
- Service : pendant le cours normal des travaux, le personnel de maintenance effectue régulièrement des opérations de routine pour maintenir le fonctionnement efficace de la machinerie et de l'équipement, y compris des réglages mineurs et une lubrification périodique.
- Modification : processus d'ajustement, de modification ou d'ajout d'une petite pièce d'équipement ou de machinerie pour améliorer le rendement opérationnel.

- Inspection : l'inspection consiste à prendre des mesures et à effectuer des essais avec des jauges pour déterminer le bon fonctionnement d'une norme.
- Remplacement : processus de remplacement d'une pièce d'équipement ou de machinerie, ou d'un composant de cette pièce d'équipement ou de cette machinerie lorsqu'elle a atteint la fin de sa vie utile.

10. Types de maintenance :

Le service de maintenance est habituellement mandaté pour fournir des actions de maintenance à deux niveaux principaux : maintenance préventive et maintenance corrective. L'entretien préventif est un travail prédéterminé effectué selon un calendrier qui vise à prévenir la défaillance soudaine de l'équipement ou des composants. L'entretien préventif aide à :

- Protéger les actifs et prolonger la durée de vie utile des équipements de production.
- Améliorer la fiabilité du système.
- Réduire le coût de remplacement.
- Réduire le temps d'arrêt du système.
- Améliore la sécurité et réduit les blessures.

Contrairement à la maintenance préventive, la maintenance corrective est une tâche de maintenance importante qui est effectuée en réponse à une panne ou une défaillance. Il s'agit de dépanner, d'isoler et de réparer un défaut ou une défectuosité afin que l'équipement puisse être facilement remis en état de fonctionnement sécuritaire. L'entretien correctif peut être mis en œuvre à deux niveaux : l'entretien qui doit être effectué immédiatement après une panne ou une défaillance et l'entretien qui peut être reporté jusqu'à un autre moment opportun. Les reports ne peuvent être utilisés que si d'autres machines semblables sont disponibles pour éviter les perturbations dans le processus de fabrication. L'entretien correctif immédiat et différé dépend de la disponibilité du personnel technique qualifié et des pièces de rechange.

Une défaillance de l'équipement peut avoir des conséquences néfastes sur les plans humain et économique. En plus des temps d'arrêt et des coûts associés à la réparation ou au remplacement de pièces ou de composants d'équipement, il existe un risque de blessure pour les opérateurs et d'exposition à des agents chimiques ou physiques. L'accent doit toujours être mis sur l'entretien préventif plutôt que sur l'entretien correctif afin de minimiser les conditions dangereuses et les défaillances de l'équipement.

Les tâches de la maintenance préventive :

Il existe trois types de maintenance préventive de base :
- Inspections prévues à intervalles réguliers pour déceler les défaillances potentielles.
- Reprise prévue à une durée de vie ou à une limite opérationnelle précise ou avant.
- Mise au rebut prévue d'une ou plusieurs pièces à une durée de vie ou à une limite opérationnelle spécifiée ou avant.

Ces tâches visent toutes à prévenir les défaillances. Les tâches d'inspection peuvent souvent être effectuées sans retirer l'article de sa position installée, tandis que les tâches de retravail et d'élimination exigent généralement que l'article soit physiquement retiré de l'équipement et envoyé à un atelier pour réparation ou remplacement.

Les inspections planifiées sont utilisées pour détecter les défaillances potentielles et demander le retrait ou la réparation d'un article parce qu'il ne répond pas aux normes requises. Ce type d'inspection permettra soit de révéler les composants qui nécessitent des mesures correctives pour prévenir une défaillance fonctionnelle, soit les composants qui survivront probablement jusqu'à la prochaine inspection.

Le retravail programmé est généralement effectué sur les éléments qui présentent des caractéristiques d'usure, car leur probabilité de défaillance devient plus grande après une certaine durée de vie opérationnelle. Lorsqu'un élément a une durée de vie cible, son taux de défaillance peut parfois être réduit en imposant une limite de temps aux unités pour empêcher le fonctionnement de ces machines au-delà de leurs limites.

Les tâches de mise au rebut planifiées sont généralement également exécutées aux limites de vie spécifiées pour les équipements et les machines ou pour leurs composants. Ces limites sont aussi appelées des limites de vie sécuritaire ou des limites de vie économique. Les limites de vie sécuritaire sont établies pour éviter les défaillances critiques. Les limites de durée de vie économique sont établies parce qu'elles se sont avérées rentables pour prévenir les défaillances non critiques.

Services et lubrification :

La plupart des équipements et des machines nécessitent de nombreuses tâches d'entretien et de lubrification planifiées pour maintenir un fonctionnement satisfaisant. La lubrification consiste normalement à jeter l'ancien lubrifiant et à en ajouter un nouveau. La lubrification est généralement effectuée à intervalles fixes (comme lors du remplacement de l'huile dans une voiture), qu'il y ait ou non des signes qu'il est nécessaire, car le coût est très faible par rapport aux coûts qui pourraient résulter d'une lubrification inadéquate. Le coût de lubrification est généralement si faible qu'il justifie les études nécessaires pour déterminer l'intervalle de tâche le plus économique.

La lubrification est considérée comme une tâche de mise au rebut. Les tâches d'entretien telles que la vérification de la pression d'air fournie à une machine ou des niveaux de fluide dans les systèmes hydrauliques sont considérées comme des tâches d'entretien à l'état. Dans ces cas, les défaillances potentielles sont représentées par des niveaux de pression ou de fluide inférieurs au niveau de remplacement, de sorte que la condition est corrigée au besoin.

Pannes des équipements et des machines :

Une défaillance fonctionnelle peut signifier une panne ou une perte totale de la machine, mais elle peut également être définie comme l'incapacité de respecter une norme de rendement spécifiée. Cela se produit lorsqu'une machine continue de fonctionner mais produit des pièces qui sont hors tolérance ou de mauvaise qualité. Pour définir une défaillance fonctionnelle pour un élément donné, il faut d'abord comprendre les spécifications de rendement et les capacités de cet élément.

Une fois les spécifications et les capacités définies, il est souvent possible de déterminer les conditions physiques qui donnent à penser qu'une défaillance est imminente; il est possible de retirer l'article du service avant qu'une défaillance fonctionnelle ne se produise.

Par exemple, grâce à l'utilisation du SPC (Statistical Process Control) qui est un contrôle qualité de la fabrication pour réduire les taux de rebut, un opérateur peut détecter que le produit de sortie s'écarte de la spécification prévue. Après des recherches plus poussées, l'opérateur et le personnel de maintenance pourraient détecter qu'un changement dans le fonctionnement de la machine, la vitesse ou la fatigue mécanique pourrait être la cause de l'état non conforme aux normes des pièces. Dans une usine automobile, un opérateur peut détecter que les soudures robotisées sur un châssis de véhicule ne répondent pas aux spécifications requises. Après des recherches plus poussées, l'équipe s'efforce d'isoler la cause fondamentale résultant d'une tension insuffisante pour le soudeur, d'un matériau de tige de soudage incorrect ou de métaux dissemblables. L'objectif de l'équipe de maintenance est d'isoler et de réparer la défaillance de l'équipement.

Les conséquences des pannes :

Les conséquences d'une défaillance détermineront la priorité des activités d'entretien correctif et préventif nécessaires pour faire face à la défaillance et pour éviter qu'elle ne se reproduise. Cela peut aller du coût modeste du remplacement d'un composant défectueux à la destruction possible d'une pièce d'équipement entière ou aux blessures, ou pire encore, chez les travailleurs. Par conséquent, l'entretien n'est pas dicté par la fréquence des défaillances, mais par la nature de leurs conséquences.

Plus une pièce d'équipement ou de machinerie est complexe, plus il y a de façons de la faire échouer. Les conséquences des défaillances peuvent être regroupées dans les quatre catégories principales énumérées ci-dessous. La catégorie des conséquences établit également l'objectif clé de la maintenance :

- Sécurité (danger possible pour les travailleurs) : l'entretien périodique est essentiel pour réduire le risque de défaillance à un niveau acceptable.
- Pertes opérationnelles (pertes économiques telles que perte de production de produits et coûts de réparation) : un entretien planifié est souhaitable s'il coûte moins cher qu'il n'en coûte.
- Non opérationnel (impliquant normalement uniquement les coûts de réparation) : l'entretien programmé est souhaitable s'il coûte moins cher que les coûts qu'il évite.
- Défaillance cachée (il s'agit de défaillances qui n'ont pas d'impact direct mais qui exposent l'équipement et la machinerie à des défaillances multiples probables) : un entretien planifié est nécessaire pour assurer le niveau de disponibilité de la fonction nécessaire pour éviter l'exposition à des défaillances multiples.

11. Total Productive Maintenance TPM :

Le maintien total de la production (TPM) est un élément important de la fabrication allégée. Comme la fabrication allégée vise à rationaliser les opérations et à réduire les déchets, il est essentiel que les machines fonctionnent comme prévu sans défaillance. La TPM vise à faire en sorte que les machines ne se brisent jamais ou ne se brisent que rarement en gardant l'équipement dans un état similaire et est également essentielle pour réduire les petits arrêts en cas de défaillances mineures. TPM augmente l'efficacité globale de l'équipement.

Eléments de TPM :

La gestion de l'entretien est généralement considérée comme une ressource à l'échelle de l'entreprise appelée TPM, qui repose sur des piliers ou des sous-programmes et des activités. Il est à noter que les opérateurs et la gestion de la production jouent un rôle majeur et sont exclusivement responsables du pilier appelé maintenance autonome.

Le but de TPM est de développer et de mettre en œuvre un système qui prolonge la durée de vie de l'équipement et réduit le temps moyen entre les défaillances des machines. Les pratiques de TPM et le système qui en résulte sont à l'échelle de l'usine et inter-fonctionnels, impliquant la production, l'entretien et l'ingénierie.

Le gestionnaire de chaque fonction doit être profondément et activement engagé envers le programme et le système. Un objectif important est de réduire la fréquence et le coût des réparations d'urgence (entretien en cas de panne) grâce à la bonne application de l'entretien autonome, de l'entretien fondé sur le temps et de l'entretien fondé sur les conditions. Les cinq piliers de TPM et leurs attributs correspondants sont présentés au-dessous :

- Augmentation de l'efficacité des équipements : Identifier les pertes, fixer des objectifs d'efficacité opérationnelle des machines, analyser et corriger des causes profondes, établir des conditions optimales d'équipement.
- Maintenance autonome : nettoyage initial, lubrification, effectuer des inspections générales.
- Maintenance planifiée : inspections quotidiennes et périodiques, maintenance prédictive, allonger la durée de vie de l'équipement, contrôle des pièces de rechange, analyse de la ventilation, contrôle de lubrification.
- Compétences et formations des opérateurs de maintenance : principes de base de la maintenance,

technologie prédictive, compétences de réparation, dépannage et diagnostic.
- Prévention de la maintenance pendant la conception : objectifs, règles et spécifications, examens de conception.

Services d'installation et mise à niveau de l'équipement :

De temps à autre, les entreprises doivent installer de nouveaux équipements et de nouvelles technologies ou effectuer des mises à niveau (upgrade) importantes de l'équipement actuel. Il peut s'agir de l'enlèvement de l'équipement existant et de l'installation de nouvel équipement, au cours de laquelle le processus de fabrication, ou des parties de ce processus, peuvent devenir non fonctionnels.

Avec le temps, l'équipement et les machines vieillissent et doivent être remplacés. En outre, de nouvelles technologies sont introduites qui rendent les processus de fabrication plus productifs et plus efficaces. Dans ces cas, les entreprises prendront des dispositions pour remplacer l'ancien équipement et la machinerie par du nouveau matériel et de la machinerie.

12. Pièces de rechange d'entretien :

Les pièces de rechange d'entretien sont des pièces de rechange et des sous-ensembles qui sont nécessaires pour s'assurer que l'équipement est maintenu dans un état fiable et sécuritaire. Voici diverses catégories de pièces de rechange pour l'entretien :

- Matériaux d'utilisation : ces matériaux sont utilisés régulièrement; les éléments de fixation, les produits de nettoyage, les matériaux de lubrification et autres consommables en sont des exemples typiques.
- Prévoir des pièces de rechange : ces pièces de rechange sont habituellement utilisées chaque fois qu'une tâche de maintenance planifiée est effectuée; elles peuvent inclure des pièces de machine internes

et des roulements à rouleaux sur les convoyeurs.
- Matériaux du projet : ils sont utilisés pour un projet planifié et peuvent inclure des pièces internes pour reconstruire une machine dans une large mesure
- Pièces de rechange de panne : elles sont utilisées lorsque des pannes se produisent pour remplacer des pièces brisées ou non fonctionnelles.
- Pièces de rechange d'assurance : ces pièces de rechange sont utilisées pour se protéger contre les catastrophes naturelles; elles pourraient consister en une machine entière ou en un ensemble de machines pour permettre la poursuite de la fabrication.

L'entretien ménager : Housekeeping :

L'entretien ménager est fondamentalement le processus qui permet de veiller à ce que le lieu de travail soit propre et bien organisé. L'entretien ménager industriel comprend l'aménagement d'un espace de travail adéquat, des dispositions d'entreposage adéquates autour des postes de travail et un dégagement suffisant autour de tout l'équipement et de la machinerie.

Selon le Centre canadien d'hygiène et de sécurité au travail (2015), un entretien ménager efficace peut réduire ou éliminer les dangers en milieu de travail et aider à accomplir un travail de façon sécuritaire et appropriée. Un mauvais entretien ménager peut entraîner des dangers dans le milieu de travail en supprimant les dangers qui causent des blessures.

L'entretien ménager implique également l'attitude. Un bon entretien ménager incarne une certaine discipline et un certain état d'esprit qui peuvent se répercuter sur l'ordre et la discipline tout au long des opérations de fabrication. Un mauvais entretien peut avoir l'effet contraire. Si la vue du papier, des débris, du fouillis et des déversements est considérée comme normale, d'autres dangers plus graves pour la santé et la sécurité peuvent aussi être tenus pour acquis.

13. Qualité de production et des services :

Les termes assurance et contrôle de la qualité sont souvent utilisés de façon interchangeable pour désigner différentes façons d'assurer la qualité d'un service ou d'un produit. Ces termes, cependant, ont des significations différentes.

L'assurance de la qualité est un ensemble des activités de gestion planifiées et systématiques qui sont mises en œuvre dans le cadre d'un programme de qualité afin de permettre le respect des exigences en matière de produits et de services. Le contrôle de la qualité, cependant, est une évaluation ou une observation d'un produit ou d'un service pour indiquer si le processus de fabrication ou de service respecte les normes et a atteint les résultats souhaités. Le contrôle de la qualité consiste à s'assurer que les produits et les services répondent aux attentes des consommateurs. Dans un environnement de fabrication, il n'est pas inhabituel de trouver des points d'inspection du contrôle de la qualité qui désignent où un produit pourrait être soumis à l'inspection du procédé, la mesure des attributs avant que l'article soit terminé, ou une inspection finale une fois que le produit est terminé. Dans les processus de fabrication complexes, l'intérêt d'effectuer des inspections en cours de fabrication est de déterminer si le produit est adéquat pendant le processus de fabrication, car de nombreuses inspections et essais ne peuvent pas être effectués une fois le processus d'assemblage final terminé. De plus, le fait de trouver ou de découvrir des défauts après l'assemblage pourrait entraîner d'énormes coûts de retravail ou de rebut. Dans de nombreux cas, les travailleurs de la fabrication sont formés pour effectuer des inspections et des tests de contrôle de la qualité, mais dans le cas de produits de précision coûteux, des techniciens de contrôle de la qualité distincts effectuent habituellement les vérifications nécessaires.

L'assurance de la qualité est une culture de gestion et un ensemble de processus de haut niveau axés sur la prévention des défauts, tandis que le contrôle de la qualité est axé sur les produits et l'identification des défauts. En mettant l'accent sur la prévention des défauts, l'excellence des processus est requise; elle est mise en œuvre par l'entremise de lean, de Six Sigma,...

L'intégration d'un programme complet d'entretien préventif, tel qu'il est décrit dans ce module d'apprentissage, est également un élément clé pour maintenir les machines et le matériel de fabrication en état de fonctionner au maximum de leurs performances et de leur efficacité.

5. Les opérations d'entreposage :

1. La réception des biens et des matériaux :

L'objectif de la fonction de réception est de s'assurer que les biens et les matériaux livrés aux entrepôts sont vérifiés par rapport à la documentation de commande et vérifiés pour les dommages causés par l'expédition.

Dans la zone de réception, les biens et les matériaux reçus sont normalement déballés pour vérifier l'exactitude de la quantité et les dommages des produits, réemballés, entrés dans le système d'inventaire, marqués et étiquetés et mis en scène pour le déplacement vers une zone d'entreposage. Le transbordement et certaines activités à valeur ajoutée pourraient également avoir lieu ici.

La réception des biens :

La zone de réception doit être conçue de façon que l'espace, les outils et l'équipement soient attribués pour accueillir et traiter les reçus prévus. Une mauvaise planification de la conception peut souvent entraîner la congestion et le chaos, ce qui peut créer un goulot d'étranglement grave et nuire à l'efficacité globale, au coût et à la performance du réseau de distribution.

Les activités de réception des biens:

Les activités typiques de réception des marchandises comprennent:
- Planifier les véhicules de livraison et le contrôle de la cour.
- Déchargement des produits des véhicules de livraison.

- Vérifier la qualité et la quantité des produits.
- Saisie des données dans le système d'inventaire de gestion d'entrepôt.
- Protection et étiquetage.

Comme c'est le cas pour les opérations d'entrepôt, la fonction de réception variera considérablement d'une industrie à l'autre. Par exemple, les entreprises de l'industrie chimique et pétrolière reçoivent des fournitures en vrac (p. ex., wagons-citernes et camions-citernes) plutôt que dans des boîtes qui passent au-dessus d'un convoyeur sur un quai de réception.

Planification des véhicules de livraison :

Les activités de contrôle du triage comprennent l'ordonnancement des véhicules à l'arrivée pour le déchargement, l'immobilisation des véhicules, la vérification des joints d'étanchéité, l'ouverture de la porte du camion et l'inspection de la remorque ou de l'état du chargement. Le contrôle du triage et l'ordonnancement des véhicules de livraison à l'arrivée déterminent quand les camions de livraison doivent être placés au quai de déchargement des entrepôts. Dans la mesure du possible, cet emplacement minimise la distance de transport interne entre la porte du quai et l'emplacement d'entreposage.

Les autres activités de contrôle du triage comprennent :
- Utilisation des cales derrière les roues arrière du côté conducteur de la remorque ou d'autres moyens de retenue du véhicule.
- Vérification du joint et ouverture de la porte du camion.
- Inspection de la remorque ou de la charge pour y déceler des dommages ou des contaminants.

Lorsque les camions arrivent au quai, ils trouvent généralement l'un des trois types de configurations de quai d'entreposage : combiné, dispersé ou séparé.

Dans le type combiné des quais, les activités de réception et d'expédition sont effectuées dans une zone commune, de sorte qu'il faut moins de postes de quai. Ces activités utilisent les mêmes quais, l'aire de construction, l'équipement et les employés et mènent à une utilisation plus productive des ressources. Pour de meilleurs résultats, ce concept de combinaison exige un calendrier de quai de camion dans lequel les produits entrants et sortants ne sont pas en conflit. Les quais de réception et d'expédition sont sur le même mur, de sorte que le produit a tendance à circuler dans l'installation en forme de fer à cheval.

L'inconvénient de l'utilisation de quais mixtes est qu'elle tend à augmenter le mouvement interne des biens et exige l'ordonnancement exact des camions entrant et sortant, et elle peut également conduire à la congestion des véhicules dans la cour. Avec cette méthode, il devient plus difficile de compenser les problèmes de livraison de produits et les fluctuations commerciales.

Un système de quai dispersé permet de livrer des marchandises à un certain nombre de points sur le périmètre d'un entrepôt près du point d'utilisation. Cet agencement de quai permet au produit de passer directement de la zone de quai de livraison à l'utilisation de la zone de stockage assignée. Les quais d'expédition sont situés le long du mur opposé des quais de réception, ce qui permet au produit de passer des aires d'utilisation et d'entreposage au quai d'expédition. Cette disposition est particulièrement adaptée pour les entrepôts qui exploitent une opération de transbordement. Les inconvénients de l'aménagement éparpillé du quai comprennent la duplication des services et des installations de secours, les besoins en main-d'œuvre accrue, la nécessité d'un contrôle accru de la gestion, le manque de souplesse pour réorganiser l'aménagement pendant un programme d'expansion et la sous-utilisation de l'équipement de manutention mécanique.

Dans la disposition séparée du quai, les marchandises reçues sont livrées à un certain nombre de points sur le périmètre le long d'un mur extérieur. Cet agencement de quai permet au produit de circuler directement en ligne droite de la zone de quai de réception à la zone d'entreposage assignée. Les quais d'expédition sont situés le long du mur extérieur opposé à la réception, ce qui permet au produit de passer des aires d'entreposage au quai d'expédition. Cet arrangement est particulièrement adapté pour les entrepôts qui exploitent des opérations de transbordement.

L'inconvénient de la disposition séparée du quai est qu'elle exige non seulement l'utilisation d'extrémités opposées de l'immeuble, mais aussi l'utilisation d'équipement, d'employés et de supervision distincts.

Vérification de la qualité et la quantité des produits :

La troisième activité principale de réception consiste à vérifier que les marchandises et les matériaux reçus ne sont pas endommagés ou contaminés et que la quantité est vérifiée par rapport à ce qui a été commandé. Cette activité garantit que le produit livré aux entrepôts est ce qui a été commandé, que la qualité est acceptable et que la quantité est correcte.

Une fois qu'un reçu a été vérifié pour la qualité et la quantité, il est entré dans un WMS (système de gestion d'inventaire).

À ce stade, tout écart est documenté au moyen du processus désigné. Tout carton manquant ou endommagé en transit peut devenir la responsabilité du transporteur de fret ou de la société de transport. Les fournisseurs et les fabricants seraient avisés si la commande est endommagée, contaminée, a des quantités incorrectes ou a des produits manquants ou erronés.

Les organisations peuvent également utiliser un programme de qualité totale avec leurs fournisseurs. Ce type de programme vise la qualité à la source, ou le faire correctement la première fois sur le site du fournisseur. Cela réduit ou élimine le besoin d'effectuer des vérifications de la qualité des reçus.

Dans les cas où le produit est incorrect ou endommagé, il sera normalement conservé dans une zone de détention séparée et clairement délimitée pour élimination. Cette disposition prend habituellement la forme :

- Retour de la totalité de l'envoi au fournisseur.
- Inspecter 100 % des articles reçus et séparer les articles de qualité acceptable des articles de mauvaise qualité. Les articles de qualité acceptable sont mis dans les entrepôts et les articles de mauvaise qualité sont retournés au fournisseur.

Saisie des données dans le système de gestion d'entrepôt WMS :

La prochaine activité de réception consiste à mettre à jour le système d'inventaire. Les employés du département de réception entrent les quantités des SKU dans le système et transfèrent les marchandises de l'aire de transit à l'aire d'entreposage ou de transit désignée.

Dans les entrepôts qui utilisent des lecteurs de codes-barres ou d'autres moyens de saisie de l'information sur les reçus, les employés s'assurent que les données sont saisies automatiquement pendant le processus de numérisation. Toutefois, dans les entrepôts qui utilisent des transactions sur papier (exemple: réception de documents), les employés peuvent avoir besoin d'une entrée clé plus complète pour entrer des données sur les produits et les quantités.

Protection et étiquetage :

Dans certaines opérations d'entrepôt de détail, une sous-activité de réception de produits est l'étiquetage des SKU, dans lequel une étiquette unique est apposée sur chaque SKU.

Dans cette activité, la procédure comprend une imprimante

mécanique qui imprime des étiquettes, qui sont ensuite collées, clipsées, cousues ou accrochées au SKU. Le réemballage et d'autres opérations de protection peuvent avoir lieu avant la transformation et l'entreposage ultérieurs.

Le but de cette activité est de convertir le produit d'une forme en vrac (p. ex., produits jetés dans un grand bac sans emballage individuel) à une forme prête à être entreposée.

Ces activités peuvent comprendre la transformation de la charge unitaire. Par exemple, les colis peuvent être déballés dans des cartons individuels, les palettes contenant des charges instables peuvent être stabilisées, ou il peut être nécessaire de changer la hauteur (quantités par palette) d'une palette pour se conformer aux contraintes d'entreposage ou de construction.

Activités à valeur ajoutée dans la réception :

Les fonctions de réception comprennent également des activités telles que le remballage des produits, le remballage dans des cartons spécifiques aux clients et éventuellement dans des quantités spécifiques aux clients. En fonction du type d'entreprise, de l'industrie et de la nature de l'opération, le Kitting peut également avoir lieu pendant les opérations de réception.

Comme nous l'avons déjà mentionné, le Kitting est un processus où des éléments distincts mais connexes sont regroupés et emballés ensemble pour créer un produit unique spécial ou pour créer un élément unique comme une bouteille et son bouchon ou une boîte et son couvercle.

Activité de Cross-Dock :

Une autre activité effectuée dans la zone de réception est l'activité de passage à quai (Cross-Dock). Ce type d'opération modifie la séquence traditionnelle des activités et des flux de produits dans les entrepôts, comme nous l'avons vu précédemment.

Les articles sont reçus et ensuite distribués directement dans la zone de transit et d'expédition des clients, sans être entreposés. Ce concept de flux réduit le nombre d'installations de distribution de produits et le nombre de jours de flux entre les fournisseurs et les clients finaux, mais met l'accent sur les activités de quai sortant et de tri.

Emplacement des produits dans la zone de transit :

Les marchandises arrivent et sont entreposées dans des entrepôts dans divers types de lieux d'entreposage et de contenants, selon les caractéristiques du produit et la quantité de produit à transporter ou à entreposer. Ces emplacements et ces contenants portent des noms précis et acceptés de l'industrie, et des pièces d'équipement spécialisées (c.-à-d. de l'équipement de manutention) sont utilisées pour manipuler les divers types de contenants.

Voici une liste des noms et des caractéristiques des conteneurs d'entreposage courants :

- Les conteneurs intermodaux (conteneurs d'expédition) sont utilisés pour le transport efficace des marchandises. Les normes précisent le volume et les dimensions des contenants afin de faciliter une manipulation efficace.
- Les palettes en bois sont l'un des moyens les plus couramment utilisés pour entreposer et déplacer les produits dans les entrepôts. Des moteurs de remorquage, des chariots élévateurs et d'autres équipements spécialisés sont utilisés pour déplacer les palettes. Les palettes peuvent être entreposées de diverses façons, y compris à un seul étage sur le plancher, empilées sur le plancher ou entreposées dans des palettiers.
- Les contenants en plastique réutilisables servent à retenir et à transporter les marchandises. Ils sont généralement de taille unique et servent à déplacer des articles dans un entrepôt ou une usine de fabrication. Ils sont robustes et leur réutilisation

empêche les déchets provenant de boîtes en carton qui se détériorent et doivent être remplacés.

Cela montre comment les contenants réutilisables sont utilisés pour stocker des articles dans un carrousel horizontal.

La réception d'un scénario :

De nombreuses entreprises utilisent les ASN (Advanced Shipping Notice), un document qui fournit des informations détaillées sur une livraison en attente, pour assurer des opérations de réception efficaces. Un ASN est un document qui est transmis par EDI(Electronic Data Interchange),une plateforme qui échange les données d'une application à une autre grâce à une connexion des ordinateurs, après que les marchandises de réapprovisionnement ont été expédiées à un transporteur. Pour commencer, l'ASN pour une commande particulière arrive à l'entrepôt avant la commande afin que des instructions d'étape et des plans de niveau de dotation puissent être générés avant l'arrivée des marchandises. Le personnel de l'entrepôt est affecté à la manutention de l'envoi entrant, et le cheminement optimal des marchandises entrantes est déterminé. Si l'entreposage est nécessaire, le lieu d'entreposage est désigné.

L'information générée par ordinateur informera ensuite le personnel de l'entrepôt de la quantité de marchandises qui arriveront, si elles doivent être expédiées immédiatement sans être entreposées pour une longue durée (Cross-Docking) ou entreposées, et si elles devront être entreposées dans une zone intermédiaire avant d'être expédiées. L'ordinateur utilise également l'information fournie par les ASN pour planifier et coordonner l'utilisation des quais de réception. Avant que le transporteur entrant n'arrive à l'entrepôt, il peut recevoir des informations par l'intermédiaire de son ordinateur de bord sur le quai de réception à retourner.

La fonction de réception informatisée :

Un travailleur rencontre le camion au quai de réception pour recevoir et enregistrer les marchandises. Le travailleur utilise un terminal de radiofréquences (RFT) muni d'un clavier, d'une petite imprimante et d'un lecteur de codes-barres; il reçoit également de l'information du WMS et l'envoie à ce dernier. Les RFT peuvent être tenus à la main ou montés sur un chariot pour la mobilité.

S'il y a des problèmes d'ordinateur ou de communication, un entrepôt informatisé peut recourir au suivi sur papier des reçus à titre de sauvegarde jusqu'à ce que l'ordinateur soit en ligne. En fait, de nombreux petits entrepôts fonctionnent encore sur un système papier, dans lequel les activités de l'entrepôt sont notées sur papier (plutôt que saisies dans une demande de prix), et les reçus sont dactylographiés manuellement dans un ordinateur par un commis à la réception, à l'expédition ou à l'inventaire.

Les RFT peuvent numériser des codes-barres ou d'autres identificateurs et transmettre les données au système informatique pour rapprocher les marchandises reçues des bons de commande. Les produits et les quantités spécifiques sont identifiés, et tout dommage est consigné. Les remorques sont ensuite déchargées conformément aux instructions du RFT.

Les RFT peuvent également générer des reçus de transporteur, les RFT fournissent des instructions détaillées aux exploitants. Ces instructions à l'écran précisent la séquence des activités qui devraient avoir lieu. Les envois sont reçus dans divers types de conteneurs, mais les marques de conteneurs d'expédition, d'un type ou d'un autre, sont généralement attachées aux marchandises qui ont été unifiées.

Une charge unifiée est un regroupement d'un certain nombre d'articles en une seule unité d'expédition pour faciliter la manipulation. Les charges peuvent être unifiées par bandes, reliure ou emballage. Le marquage du conteneur d'expédition peut même être attaché à une remorque qui a été scellée et sécurisée avant l'expédition. Les marchandises sont généralement unifiées sur des palettes, qui sont généralement des plateformes en bois utilisées pour empiler et transporter des produits sous forme de charge unitaire. Il s'agit généralement de carrés de quatre pieds et construits pour placer des fourches de chariots élévateurs entre les niveaux de la plate-forme. Les RFT peuvent également imprimer des étiquettes de codes-barres, qui sont utilisées pour diriger et suivre le mouvement des marchandises.

Les informations requises pour les étiquettes de codes-barres sont envoyées du WMS au RFT, qui imprime une étiquette de codes-barres. Cette étiquette est apposée sur les marchandises se trouvant dans la zone de réception.

2. Transfert des produits dans la zone d'entreposage :

Les marchandises et les matériaux peuvent être traités de la zone de réception à un lieu d'entreposage par un certain nombre de mécanismes. Quelques autres méthodes de traitement courantes sont sur les véhicules contrôlés par l'opérateur ou les systèmes de véhicules à guidage automatique.

Les véhicules contrôlés par le conducteur comprennent :

- les véhicules à fourche qui peuvent supporter des charges à divers niveaux (par exemple, plancher, convoyeur et crémaillère).
- les tracteurs remorquent des remorques à plate-forme qui sont chargées manuellement ou à l'aide de chariots élévateurs.

Une fois chargés de palettes ou de charges unifiées, les porte-palettes et les porte-unités sont tirés manuellement ou avec un véhicule de remorquage (selon la taille) à la destination appropriée.

Les véhicules contrôlés par le conducteur sont souvent des véhicules à guidage automatique (AGV : Automated Guided Vehicle). Les AGV peuvent recevoir les instructions de manutention d'un opérateur directement à l'ordinateur de bord de l'AGV.

Ces véhicules peuvent recevoir, stocker et traiter l'information, et leurs systèmes de guidage fonctionnent sous le contrôle de l'ordinateur hôte. Les AGV peuvent également utiliser des ordinateurs de bord ou fonctionner sous le contrôle d'un ordinateur central.

Les marchandises peuvent également être chargées sur des convoyeurs, l'un des types d'équipement de manutention/tri les plus courants. Les convoyeurs peuvent être automatisés et contrôlés par ordinateur, et les marchandises peuvent être déplacées de la zone de réception sur des convoyeurs.

3. Opérations de stockage et détermination de la zone d'emplacement :

L'opération de stockage comprend le déplacement physique des marchandises et des matériaux de l'aire de réception vers les lieux d'entreposage désignés de l'installation. Les opérateurs d'équipement de manutention vérifient la configuration de l'article pour valider les quantités et la sécurité du produit, vérifient l'emplacement de stockage sur l'étiquette de la palette ou de l'unité de stockage, ramassent l'unité de stockage de la palette et scannent le code à barres sur l'étiquette.

Les articles sont déplacés à l'emplacement d'entreposage désigné (ou parfois directement à un emplacement de ramassage) et placés en position d'entreposage. Ce placement peut prendre la forme d'un support de rangement (p. ex., rayonnage, rangement) ou être placé au sol dans une zone délimitée. L'opérateur de l'équipement de manutention vérifiera que le positionnement est au bon endroit. Une fois le processus terminé, les registres d'inventaire sont mis à jour pour refléter la réception de l'article, son emplacement d'entreposage et la disponibilité des commandes sur demande.

Emplacement de stock : fixe ou aléatoire :

La décision de déterminer l'emplacement de l'inventaire consiste à déterminer s'il faut un emplacement d'entreposage fixe pour chaque article de l'entrepôt ou un emplacement d'entreposage aléatoire. Dans un système de localisation fixe, des emplacements spécifiques, ou des voies, sont attribués et dédiés aux articles. Un système d'emplacement de stockage aléatoire est un système dans lequel les emplacements de stock sont attribués au hasard, et le stock est placé partout où un espace s'ouvre.

Les entrepôts à emplacement fixe peuvent ne pas faire le meilleur usage possible de l'espace disponible parce que des fentes/voies particulières doivent être réservées aux articles qui peuvent fluctuer considérablement en volume. Lorsque ce problème est multiplié par le nombre total d'articles stockés dans l'entrepôt, un système de localisation totalement fixe peut gaspiller une grande quantité d'espace.

D'un autre côté, un système de localisation aléatoire utilise l'espace de manière optimale; cependant, il dépend d'un système informatique qui permet l'identification automatique et précise des emplacements de prélèvement/placement alternatifs. Par exemple, lorsqu'un emplacement aléatoire est épuisé, le préparateur doit être en mesure de trouver un autre emplacement dans lequel l'inventaire peut être trouvé. De plus, ce type de système fonctionne mieux lorsque les dossiers d'inventaire sont tenus à jour avec précision et mis à jour en temps réel.

Il convient de noter qu'en pratique, de nombreux systèmes sont un mélange d'emplacement fixe et aléatoire. Par exemple, une famille de produits peut être située dans une zone fixe (p. ex., chemises pour hommes, taille M), mais certains membres de cette famille peuvent être placés à des endroits aléatoires (p. ex., chemises pour hommes, taille M, rouge, manches courtes).

La plupart des logiciels allouent de l'espace de stockage en utilisant des méthodes fixes ou aléatoires.

Destination du produit dans l'entrepôt - Comment identifier les allées et les emplacements de stockage ?

Les renseignements sur les étiquettes d'identification du matériel ou les codes à barres apposés pendant la réception sont analysés par l'ordinateur hôte pour diriger les marchandises et l'opérateur vers un emplacement de stockage exact. Chaque entrepôt a besoin d'un système de localisation des entrepôts avec un système de désignation des adresses, qui permet à chaque poste de stockage d'être facilement et rapidement identifié par les opérateurs lorsqu'ils stockent et récupèrent des stocks.

Pour assurer une transaction de produit exacte et en ligne, des panneaux appropriés doivent clairement identifier les allées et les positions de stock/Pick dans ces allées. Une méthode courante consiste à placer une plaque : se coucher à plat contre le bout de l'allée dans un cadre droit ou suspendue au plafond. Cette étiquette permet aux employés qui entrent dans l'allée de l'identifier.

Les méthodes requises pour identifier les positions palettes/stocks dans les entrepôts comprennent :

- numéros peints sur rayonnage.
- étiquettes autocollantes.
- étiquette papier/carte apposée sur la structure du support.
- plaque suspendue au plafond.

De plus, il est nécessaire d'identifier la position réelle de la palette/du stock, qui prend normalement la forme de caractères et de chiffres pour identifier la position. Dans un système de localisation fixe, les caractères, les chiffres et les descriptions de SKU avec une étiquette de code à barres identifient chaque position et produit spécifique stocké là. Voici les principales méthodes utilisées pour déterminer les positions de stockage réelles dans les allées :

- numéros d'emplacement/lettres peints sur le rayonnage lui-même.
- étiquettes autocollantes préimprimées.
- étiquettes en carton ou en papier dans un support en plastique fixé à la structure du support.
- plaque suspendue au plafond.
- affichage numérique.

Assignation de stockage fixe ou dédié :

Avec une affectation fixe, les emplacements d'entreposage des produits sont déterminés à l'aide de l'une des trois méthodes suivantes :
- stockage de la popularité (ou analyse ABC).
- stockage des similitudes (aussi appelé stockage complémentaire).
- stockage des caractéristiques du produit.

Stockage de la popularité : analyse ABC :

Ce terme fait référence à une méthode d'entreposage, dans laquelle les emplacements d'entreposage des articles sont déterminés par leur vitesse de rotation des stocks. Les articles de catégorie A représentent la majorité des SKU déplacés; les articles B sont moins fréquemment déplacés; et les articles C sont les moins fréquemment déplacés. Plus la vitesse, ou la popularité, d'un produit est grande, plus il se rapproche de la zone de transit. Ce type de stockage réduit la distance et le temps de déplacement requis pour le stockage et la récupération.

Stockage des similitudes (stockage complémentaire) :

Avec cette méthode, les articles généralement reçus ou expédiés ensemble sont stockés ensemble. Par exemple, un fabricant peut fabriquer des imprimantes laser et jet d'encre. Ils peuvent être reçus et stockés ensemble, même s'ils diffèrent en poids, en taille et en demande de produits.

Stockage des caractéristiques du produit :

En utilisant cette méthode de stockage, l'emplacement est déterminé par la base des attributs spéciaux des produits. Par exemple, si le produit est lourd, volumineux ou difficile à manipuler, il serait entreposé près de la zone où il sera mis en scène. Les articles bizarrement façonnés ou fragiles peuvent également nécessiter des emplacements d'entreposage spéciaux. De plus, les articles coûteux, faciles à voler ou désirables peuvent nécessiter un stockage de sécurité supplémentaire.

Facteurs qui tendent à favoriser les systèmes de localisation fixe :

Les facteurs qui tendent à favoriser les systèmes de stockage à emplacement fixe comprennent :

- faible gamme de produits (c.-à-d. relativement peu d'articles de la gamme de produits).
- variation relativement faible entre les niveaux de stock maximum et minimum.
- gamme de produits relativement homogène (p. ex., chemises pour hommes).

Avec ces facteurs présents (en particulier ceux de peu de variation entre les niveaux de stock maximum et minimum), il devient possible de consacrer des positions/voies de stockage à des articles de la gamme de produits et de ne pas éprouver beaucoup d'espace perdu par le biais de Honeycombing excessive. Honeycombing est l'espace de stockage perdu devant des piles partielles de marchandises ou au-dessus de marchandises en position de stockage.

Si ces facteurs ne sont pas présents, les entrepôts ayant des emplacements d'entreposage fixes peuvent perdre de l'espace parce que, dans un système d'emplacement fixe, l'espace est attribué en fonction du niveau de stock maximal par article. Par conséquent, étant donné que certains espaces de stockage/voies doivent être réservés à des articles qui peuvent fluctuer considérablement en volume, l'espace sera perdu dans l'ensemble.

Assignation de stockage aléatoire :

Lorsqu'une méthode de répartition aléatoire est utilisée, les produits sont entreposés dans les endroits disponibles les plus proches qui peuvent tenir compte de leurs caractéristiques particulières. Parfois, des zones qui tiennent compte de la vitesse d'inventaire de ces produits sont créées à ces endroits.

Le terme aléatoire est un terme vague, et il ne devrait pas impliquer un manque d'ordre. En fait, la méthode aléatoire fournit l'utilisation optimale de l'espace de stockage. Le compromis dans ce type de système est la complexité accrue du système. En outre, en raison de la distance de déplacement accrue nécessaire pour récupérer des marchandises en réponse aux commandes des clients, cette méthode est souvent utilisée en conjonction avec des systèmes automatisés de manutention.

Grâce à l'allocation de stockage aléatoire automatisée, les dates d'arrivée des produits, les descriptions et les emplacements précis sont suivis par l'ordinateur de l'entrepôt à l'aide de l'étiquetage d'identification SKU. Le logiciel cartographie également l'emplacement des produits dans leurs zones, de sorte que Honeycombing peut être réduit.

Les logiciels qui créent des nids de miel efficaces intègrent un certain nombre de variables liées aux marchandises entreposées. Dans un processus d'allocation aléatoire contrôlé par logiciel, des éléments identiques peuvent être stockés dans différentes zones pour créer une utilisation efficace de l'espace et pour réduire le Honeycombing. Lorsqu'elles sont sélectionnées pour l'expédition, les cartes de stockage sont analysées et les nouveaux articles sont placés dans l'espace disponible. Ces variables sont prises en compte :

- FIFO : Premier entré, premier sorti et LIFO : dernier entré, le premier sorti est pris en considération pour diverses raisons (modèle financier désigné, durée de conservation, denrées périssables, etc.).
- La vitesse relative de ces articles. Par exemple, la sauce aux anchois est sélectionnée moins souvent que la sauce aux herbes. Le logiciel déterminera le taux

relatif de sélection de ces deux produits et l'empilement direct de la sauce aux herbes mélangées sur la sauce aux anchois à un certain nombre d'endroits et/ou plus près de l'aire de rassemblement/du point d'utilisation. Cette vitesse relative sera déterminée à l'aide de l'analyse ABC pour déterminer les éléments qui sont choisis le plus souvent, moins fréquemment, et ainsi de suite.
- Taille et poids d'un article.

Facteurs qui tendent à favoriser les systèmes de localisation aléatoire :

Le stockage aléatoire nécessite généralement environ 30 % moins d'espace que le stockage fixe, de sorte que des entrepôts relativement plus petits sont nécessaires pour le stockage aléatoire par rapport au stockage fixe. Les facteurs qui tendent à favoriser l'utilisation d'un système de stockage aléatoire ont tendance à être à l'opposé de ceux qui favorisent un système de localisation fixe :
- une gamme de produits relativement large.
- variation relativement élevée entre les niveaux de stock maximum et minimum pour les articles de ligne.

Compte tenu de ces facteurs, le fait de ne pas adopter un système de localisation aléatoire entraînerait une grande perte d'espace et des difficultés d'attribution de l'espace pour les articles de ligne et de conception de la disposition et de la taille des compartiments de rangement pour ces articles de ligne. (en raison de l'irrégularité des tailles de charge unitaires, de grandes fluctuations des niveaux de stock entre les niveaux maximaux et minimaux, etc.).

3. Types de systèmes et d'équipements de stockage :

Transport des marchandises à destination et en provenance de l'entrepôt :

Une fois que le lieu d'entreposage a été attribué, les marchandises sont acheminées à leur emplacement et en reviennent en utilisant l'un des dispositifs de transport ci-dessous :
- chariots manuels commandés par l'opérateur.
- dispositifs électriques commandés par l'opérateur (p. ex., chariots élévateurs, plateformes et grues).
- systèmes de manutention automatique (p. ex., convoyeurs et AGV).

Empilage simple des blocs :

Les marchandises sont ensuite empilées en bloc simple, ou placées dans différents types de dispositifs de stockage manuels ou automatisés. Le simple empilage de blocs, est un système dans lequel les palettes sont stockées plusieurs palettes en profondeur en rangées et sur le sol de l'entrepôt. Les palettes sont généralement empilées directement les unes sur les autres, et la hauteur de charge est généralement limitée par l'écrasement des matériaux stockés et la régularité de la forme des unités de charge pour un empilage uniforme.

Les dispositifs de rangement manuel :

Les dispositifs de rangement manuel comprennent une variété de supports, de bacs, d'étagères, de tiroirs et de mezzanines.

Différents types de palettiers sont conçus pour manipuler des charges palettisées ou conteneurisées. Les dispositifs assistés et contrôlés par l'opérateur sont généralement utilisés pour le stockage et la récupération dans et hors des palettes. Le rayonnage à palettes double-profondeur, également une forme assez courante de supports de stockage.

Les rayonnages à gravité sont utilisés pour les articles à forte demande, généralement en carton, de taille et de forme uniformes. Les supports sont inclinés et les articles sont chargés à l'arrière des supports. Lorsque l'élément est sélectionné à l'avant c'est-à-dire l'opérateur enlève le carton pour qu'il soit livré au client par exemple, le carton qui juste à côté de lui prend sa place pour laisser l'arrière vide pour le charger par d'autres cartons.

L'utilisation de contenants en polypropylène solidement construits a augmenté récemment; ces contenants peuvent être entreposés sur des étagères ou fixés à des panneaux à persiennes spécialement conçus.

Le rayonnage des bacs est conçu pour gérer les charges non décolorées et est généralement utilisé pour les petites pièces. Comme les articles sont triés à la main, la hauteur du bac ne dépasse habituellement pas sept pieds, ce qui peut entraîner une sous-utilisation de l'espace du cube.

Les tiroirs de rangement modulaires protègent les pièces de l'environnement extérieur et permettent une plus grande concentration des articles entreposés et une plus grande précision de préparation. Elles entraînent également une sous-utilisation de l'espace cube. Les tiroirs et leurs armoires sont disponibles en plusieurs tailles et combinaisons pour accueillir un SKU ou plusieurs SKU.

Les SKU spécifiques sont stockés dans chaque compartiment, de sorte que la précision de la cueillette devrait augmenter; cependant, parce que l'opérateur (le Picker) doit atteindre les tiroirs, la structure est habituellement limitée à une hauteur d'environ cinq pieds (1,5 mètres environ), ce qui peut entraîner une sous-utilisation de tous les tiroirs des compartiments.

Les mezzanines offrent un deuxième niveau pour l'entreposage, au-dessus de l'espace au rez-de-chaussée. Les mezzanines de différentes tailles offrent un espace supplémentaire pour les étagères et les tiroirs.

4. Dispositif de stockage automatisé :

Système automatisé de stockage et de récupération :

Les dispositifs de stockage automatisés comprennent une variété de systèmes de stockage et de récupération automatiques (ASRS : Automatic Storage and Retrieval Systems), de carrousels et de machines de transport de personnes. Les ASRS combinent l'équipement de stockage avec la technologie de manutention automatisée et les interfaces avec les systèmes de manutention manuels (p. ex., chariots élévateurs) ou automatisés (p. ex., convoyeurs).

Les marchandises sont livrées à une zone de transit par ces systèmes manuels ou automatisés, et l'ASRS retire les marchandises de la zone de transit pour les placer dans un lieu d'entreposage dans le ARSR. Les trois types d'ASRS, qui sont différenciés par la taille des éléments manipulés, sont la charge unitaire, la charge minimale et la micro-charge.

Unité de charge ASRS manipule de grandes charges palettisées ou unifiées. Il s'agit habituellement de grandes structures qui déplacent des charges pesant jusqu'à 1 000 livres (1 livre = 0.45 kg environ) et qui peuvent fonctionner à des hauteurs allant jusqu'à 100 pieds.

Micro-charge et charge minimale ASRS manipulent des paquets plus petits et des articles individuels qui peuvent être placés dans des conteneurs de 24 pouces de largeur et 48 pouces de profondeur ou moins.

Les carrousels sont des structures mécaniques qui abritent et font pivoter des articles pour faciliter le stockage et la sélection des commandes.

Voici les deux principaux types de carrousels :

- carrousel horizontal : se compose d'une série de bacs rotatifs ou de tablettes entraînés par un moteur.
- carrousel vertical : carrousel qui fait pivoter les bacs ou les étagères le long d'une boucle fermée verticale.

Les machines à homme sont des véhicules avec cabine pour l'opérateur et des compartiments de rangement pour les petites pièces fréquemment manipulées. Ces véhicules utilisent une combinaison de travail manuel et d'automatisation.

Plusieurs appareils décrits dans cette section ont des versions similaires, bien que généralement plus petites, dans la vie quotidienne. Voici des exemples quotidiens où vous pourriez voir chaque appareil:

- présentoirs à débit gravitaire : ces présentoirs sont présentés dans les vitrines réfrigérées des épiceries, où un contenant de boisson glisse vers l'avant pour remplacer un contenant choisi à l'avant.
- rayonnage des bacs : dans les entrepôts de vente au détail, ils servent à ranger des boîtes de peinture ou d'autres articles.
- étagères/étagères mobiles : dans les grands cabinets médicaux ou les hôpitaux, les systèmes de classeurs sont sur roues et peuvent être déplacés pour conserver l'espace.
- carrousels horizontaux : ceux-ci sont représentés dans les distributeurs de sandwichs, de yaourts ou de boissons qui tournent horizontalement. Une fois que le carrousel a tourné à l'endroit approprié, vous faites votre choix en coulissant ouvrir la porte en plastique pour atteindre l'élément que vous voulez.
- carrousels verticaux : les grandes roues sont des carrousels verticaux, et les magasins de bijoux les utilisent pour afficher les articles sélectionnés.

5. Autres activités liées à l'entreposage :

Voici d'autres activités généralement réalisées dans l'aire d'entreposage :
- ajustement du stock.
- activités de reconstitution.

Ajustement du stock :

Des ajustements de stock sont nécessaires lorsque des erreurs liées au stockage sont détectées. Une fois qu'une erreur a été détectée, le nombre et/ou l'emplacement des produits sont rapprochés pour déterminer la raison de l'écart.

Parfois, les erreurs peuvent être liées au système. Par exemple, l'inventaire physique peut ne pas correspondre à ce que le système dit être en stock à cet endroit particulier. Ensuite, le stock est trouvé et déplacé à son emplacement approprié ou laissé où il est, et le nombre d'inventaire est ajusté pour cet emplacement.

Le rétrécissement est la réduction inattendue des stocks attribuable au vol, à la perte, aux dommages ou à la détérioration. Si l'écart est dû à un rétrécissement, le problème est enregistré et le dénombrement des stocks est ajusté.

Reconstitution des stocks :

Une autre activité menée dans les entrepôts consiste à reconstituer le stock. Dans ce processus, un employé d'entrepôt transfère le produit d'un poste d'entreposage à un poste de ramassage donné.

Le réapprovisionnement est effectué pour s'assurer que les SKU sont retirés de la zone d'entreposage assignée dans les délais et en quantité appropriée. Ces SKU sont ensuite placés dans la bonne position de stock SKU afin d'assurer une disponibilité constante du stock à une position de stock donnée.

Les activités de réapprovisionnement comprennent l'inscription des positions SKU dans les entrepôts qui nécessitent un réapprovisionnement, le retrait du produit de la position de stockage, et le transfert ou le placement de SKU dans la position de prélèvement SKU.

6. Opérations de Picking :

Qu'est-ce que le Picking ?

Le processus de conversion de produits individuels détenus dans un entrepôt à ce qui est exigé par le client est connu comme l'exécution de la commande. Le processus de préparation (picking) est essentiellement un terme descriptif utilisé pour choisir ou sélectionner un article à partir d'un emplacement de stockage pour répondre aux exigences du client. Il existe différentes méthodes de préparation, et une combinaison de ces méthodes peut être utilisée dans un seul entrepôt.

Le processus de préparation comprend la sélection des marchandises pour répondre aux commandes des clients. Le personnel qui exécute les commandes peut passer par une installation pour ramasser les marchandises et tirer la quantité demandée de chaque produit identifié sur une liste de sélection. La liste de sélection indique les commandes des clients et peut prendre la forme d'une liste de contrôle papier, d'étiquettes placées sur des cartons, d'un écran d'ordinateur ou d'un système de prélèvement à commande vocale. Une fois cueillis (préparés), les articles peuvent être étiquetés et mis sur un convoyeur pour être transférés à la zone d'expédition ou assemblés sur une palette ou un chariot désigné pour un client.

Pour de nombreuses organisations, la cueillette (le picking) de commandes est l'activité d'entreposage la plus coûteuse et la plus exigeante en main-d'œuvre.

Cette fonction peut nécessiter beaucoup de déplacements dans toute l'installation et beaucoup de manutention. Il est important que cette opération soit productive, sécuritaire et précise tout en concevant le processus afin de minimiser le déplacement du personnel comme objectif clé.

En général, lorsqu'une commande est reçue, l'emplacement des articles requis est déterminé, et une liste est générée pour diriger le préparateur à l'emplacement exact. Si un dispositif automatisé est utilisé, il peut amener l'article au préparateur de commande. Si la cueillette est faite à l'aide d'un ordinateur, le logiciel évaluera la route la plus efficace pour la cueillette des articles désirés.

Les opérations de réapprovisionnement sont également importantes pour les opérations de cueillette, ce qui implique le déplacement du produit des lieux d'entreposage d'une installation de distribution vers des aires de cueillette désignées. Dans certaines opérations de distribution, il peut s'agir d'une zone de cueillette distincte. L'équipement spécialisé de préparation de commande est souvent nécessaire pour récupérer le produit qui est défini en fonction de l'industrie et des types d'articles dans l'entrepôt.

Objectifs de picking des commandes :

Lors de la préparation d'une commande client, l'objectif est de présenter une gamme complète de stock dans la plus petite zone possible sans congestion inutile. Les bases de la préparation efficace des commandes comprennent:

- minimiser les mouvements.
- réduction du temps de traitement des commandes.
- réduction des délais inefficaces.

Réduction des mouvements :

Une méthode fréquemment utilisée pour réduire le temps de mouvement du personnel pour choisir des articles est appelée stockage de popularité. Pour une gamme donnée de produits dans un entrepôt, on estime que 20 % des SKU, ou articles uniques, représentent environ 60 % à 90 % du débit total. De nombreuses entreprises consacreront un espace et le groupe de 20% des articles les plus populaires ou en mouvement rapide pour réduire les temps de marche et de mouvement. Dans un entrepôt, les articles populaires sont donc fractionnés pour bien gérer l'espace d'entreposage. Il convient de noter qu'il est possible d'accroître la productivité en plaçant les articles les plus mobiles dans cet espace réservé à la hauteur la plus pratique pour faciliter l'accès du personnel.

Un système de stock a pour objectif d'avoir un stock à terme séparé, dans lequel une gamme de produits est dupliquée dans une zone de préparation séparée. L'avantage d'un stock séparé est une zone de prélèvement plus petite et moins de mouvement; cependant, l'inconvénient est qu'il nécessite des contrôles supplémentaires et une double manipulation pour déplacer le stock de la position de réserve à la position de stockage.

Le mouvement peut être réduit en ordre picking en consolidant les déménageurs rapides ensemble.

La décision d'avoir une zone de cueillette distincte est fondée sur un compromis entre le coût de cueillette du stock total et le coût de cueillette d'une zone plus petite, y compris le coût de déplacement des articles du stock en vrac vers une zone de cueillette distincte.

Techniques de Picking :

Il existe plusieurs techniques pour faire le picking (la préparation) des commandes :
- préparation d'une commande individuelle : le Picker prépare une seule et unique commande dans chaque circulation entre la zone d'entreposage et la zone de picking.
- Batch Picking : le Picker (préparateur) choisit plusieurs commandes au même temps dans une seule circulation pour la zone de stockage et après il trie les produits choisis selon les commandes des clients. Le

tri peut avoir lieu immédiatement (p. ex., le préparateur peut avoir un chariot avec des compartiments distincts, chaque compartiment pouvant contenir une commande), ou le tri peut avoir lieu dans une zone d'assemblage distincte.
- zone de picking : ce système est typiquement utilisé dans les entrepôts qui contiennent un large inventaire et où le débit est élevé. Chaque préparateur est responsable d'une petite section et les commandes se préparent d'une section à l'autre, jusqu'à ce qu'elles soient terminées.
- technique de cueillette de marchandises : dans cette technique de cueillette, le principe est de garder le cueilleur (le préparateur ou le Picker) dans un endroit fixe (ou zone limitée) et de livrer les marchandises au cueilleur en utilisant un dispositif mécanique.

Le temps de déplacement, dans ce cas-ci, c'est pour que l'appareil mécanique apporte les articles, et non pour que le préparateur aille les chercher. L'avantage de ce type de système est qu'il élimine le temps de trajet pour le préparateur presque entièrement.
- Wave Picking : il s'agit d'une variation sur la zone de Picking et le batch picking dans lequel les zones sont cueillies en même temps et les articles sont ensuite triés et regroupés en commandes/expéditions individuelles, plutôt que de passer d'une zone à l'autre pour le picking. Le Wave Picking est la méthode la plus rapide pour le prélèvement d'articles multiples des commandes à préparer; cependant, le tri et la consolidation peuvent être complexes. Les opérations avec un nombre total élevé des SKU par commande peuvent bénéficier de la méthode de Wave Picking.

7. Types des systèmes de Picking (préparation des commandes) et les équipements utilisés :

Les méthodes de préparation des commandes varient considérablement et le niveau de difficulté à choisir la meilleure méthode pour une opération dépendra du type d'opération, de l'industrie et de la clientèle. Voici quelques facteurs qui influenceront les décisions concernant les méthodes de préparation des commandes :

- caractéristiques du produit manipulé.
- nombre total de transactions.
- nombre total de commandes.
- choix par commande.
- quantité par Pick.
- choix par SKU.
- nombre total de SKU.
- commandes nécessitant un traitement à valeur ajoutée (p. ex., étiquetage privé).
- commandes à partir de chargements à la pièce, à la caisse ou de palettes pleines.

Dans de nombreux cas, une combinaison de méthodes de Picking est nécessaire pour gérer diverses caractéristiques du produit et de la commande. Trois formes clés de préparation des commandes sont décrites ci-dessous :

Picking de pièces :

Le ramassage de pièces, aussi connu sous le nom de Picking de caisses cassées ou de Picking/emballage, décrit les systèmes dans lesquels les articles individuels sont choisis. Les opérations de sélection à la pièce ont généralement une grande base SKU dans les milliers ou des dizaines de milliers, de petites quantités par sélection, et des temps de cycle courts. Les sociétés de catalogue de vente par correspondance et les distributeurs de pièces de réparation sont de bons exemples d'opérations de sélection de pièces.

Case Picking :

Les opérations de cueillette de caisses sont basées sur la cueillette de caisses complets de produit et ont tendance à avoir moins de diversité dans les caractéristiques du produit.

Préparation palette complète :

Le prélèvement de palettes complètes est également connu sous le nom de prélèvement de charges unitaires. Les méthodes systématiques de prélèvement de palettes complètes sont beaucoup plus simples que le prélèvement à la pièce (Picking de pièces) ou Case Picking; cependant, il existe de nombreux choix dans l'équipement de stockage, les configurations de stockage et les types de chariots élévateurs utilisés.

Une fois que les articles ont été cueillis, ils sont dirigés vers leur prochaine destination pour la consolidation de la commande et l'emballage en préparation pour l'expédition ou le transport à un emplacement client.

8. Préparation pour expédition :

Regroupement et emballage :

Dans sa forme la plus simple, la consolidation des commandes est le regroupement ou la combinaison d'articles sélectionnés individuellement pour une commande client unique. Ce processus de consolidation des commandes réunit les demandes indépendantes totales en un seul ordre consolidé individuel.
Au cours du processus de consolidation, plusieurs types d'activités à valeur ajoutée peuvent être réalisées. Pour remplir une commande, il peut être nécessaire de combiner diverses

quantités d'un seul article, de mélanger diverses quantités d'articles différents et de composer plusieurs articles uniques.

Kitting est un processus dans lequel un groupe d'articles spécifiques et individuels sont emballés ensemble à l'intérieur d'un paquet.

L'assemblage est effectué régulièrement pour préparer les éléments nécessaires à une cellule de fabrication ou à une opération pour terminer l'assemblage final. Par exemple, un fabricant de luminaires aurait besoin de pièces mécaniques, de fils et de matériel d'assemblage. Ces kits sont fabriqués à partir de divers articles de la ligne et ensuite fournis, en kit (en un regroupement contenant tous les articles nécessaires), directement à l'assembleur de fabrication sur une base JIT (Just In Time).

Un autre exemple d'activité à valeur ajoutée pourrait être l'application d'étiquettes, d'étiquettes de prix ou de codes à barres spécifiques aux clients sur les emballages et les articles individuels.

Les articles doivent également être contrôlés pour vérifier leur exhaustivité conformément aux exigences de la commande et également vérifier qu'aucun dommage n'existe. Si des articles endommagés sont trouvés, ils doivent être remplacés avant le traitement de la commande.

Emballage des articles :

L'objectif de l'emballage est de s'assurer que ces articles sont correctement protégés pendant le traitement et la livraison et que les articles sont reçus par le client dans un état satisfaisant. Il existe de nombreuses considérations pour déterminer l'emballage efficace, comme la fragilité (la facilité avec laquelle l'article peut se casser pendant le déplacement et le transport), le contrôle de la température et l'exposition aux éléments (p. ex., l'humidité).

L'emballage est généralement la première étape après la cueillette et la consolidation, et il définit les méthodes par lesquelles les articles sont emballés individuellement et protégés pour le traitement ultérieur. Habituellement, l'emballage à bulles, le papier de soie et d'autres matériaux de protection sont utilisés pour emballer des articles individuels.

L'emballage est le processus de placement dans les articles emballés individuellement dans un plus grand contenant de l'unité, éventuellement complétée par des arachides en mousse ou d'autres matériaux de protection. Ce contenant emballé est conçu pour résister à une manipulation difficile, y compris les gouttes accidentelles et d'autres formes de mauvaise manipulation.

Par exemple, lorsque les luminaires ont été assemblés et inspectés, ils sont traités pour expédition. Chaque lampe est emballée individuellement avec un matériau de protection, et la boule de verre peut même être emballée individuellement. Lorsque les articles sont suffisamment emballés, on les place par la suite dans un conteneur d'expédition et on ajoute éventuellement d'autres matériaux de protection pour éviter les dommages par frottement, les vibrations et la manipulation brutale.

De nombreux articles sont emballés dans des boîtes ondulées ou des boîtes Kraft comme emballage extérieur utilisé pour l'expédition. Ces boîtes viennent dans une variété de styles et d'épaisseurs en fonction des composants et des caractéristiques des produits expédiés. Au bas de chaque boîte, il y a également un sceau circulaire du fabricant qui indique les caractéristiques de rendement du contenant d'expédition (y compris la résistance à l'écrasement).

Les combinaisons de l'emballage intérieur et extérieur constituent l'emballage total d'un produit. Ensemble, ces matériaux d'emballage primaires et secondaires ont de multiples objectifs, y compris la commercialisation, la protection, l'expédition et le marchandisage d'un produit.

Il est de la responsabilité du personnel de l'entrepôt d'emballer les articles de manière efficace afin qu'ils atteignent le client en parfait état.

9. Tri par lots (Batch) et regroupement des commandes :

Le tri comprend la séparation d'un ou de plusieurs articles commandés par le client dans un environnement de tri par lots. L'activité peut comprendre une étape qui vérifie que l'SKU a été retiré de la position de Picking et a été transporté vers l'emballage ou la zone d'expédition.

Le tri exige qu'un opérateur ou une machine lise l'étiquette ou le marquage sur la surface extérieure du SKU, ce qui identifie le contenu et transfère le SKU du client à partir des SKU groupés dans une commande client spécifique pour une conservation temporaire ou un tri à un endroit. Aucun stockage autre que l'accumulation temporaire n'est nécessaire car il s'agit simplement d'une fonction de tri.

10. Contrôle des poids des produits:

L'objectif de cette activité est de s'assurer que chaque envoi sortant est envoyé selon la méthode de transport la plus rentable et qu'il est accompagné des documents appropriés pour étayer les détails de la commande. (p. ex., documents d'exportation, exigences relatives aux documents du transporteur de marchandises et descriptions des produits). Dans les entrepôts, les systèmes de technologie de l'information conservent des renseignements détaillés sur le poids de chaque produit entreposé et expédié de l'entrepôt.

Dans cet environnement, les associés d'entrepôt peuvent ne pas avoir besoin de peser les produits manuellement. La documentation d'expédition peut être générée automatiquement en fonction du poids total calculé par ordinateur du produit et de ce qui a été confirmé comme étant ramassé par le personnel de l'entrepôt.

Cependant, pour de nombreuses entreprises qui utilisent des poids d'expédition calculés par ordinateur, une étape de pesée supplémentaire est incluse dans le flux de travail. L'objectif de la pesée des composantes de la commande sortante dans cette activité est de servir de validation et d'aider à prévenir les erreurs. Lorsque le personnel d'expédition pèse les composants d'une commande ou d'un envoi et les entre dans l'ordinateur, le système compare le poids attendu par rapport à ce qui a été entré. S'il y a un écart, le personnel doit le résoudre avant d'imprimer les documents d'expédition. Il s'agit d'un contrôle de qualité final qui assure un service à la clientèle de haute qualité.

Dans les entreprises qui ne maintiennent pas les poids exacts des produits et qui utilisent un système pour accumuler les poids pour déterminer le poids prévu d'une commande ou d'un envoi, le personnel doit déterminer les poids en exécutant les caisses sur une balance et en saisissant le poids. Pour les industries dans lesquelles de gros produits ou des palettes pleines sont expédiées, le processus de pesée peut impliquer l'utilisation de grandes balances sur le sol avec des chariots élévateurs qui placent les produits sur la balance.

11. Sélection du mode de transport de l'envoi :

Il est important de définir le poids des colis commandés et c'est généralement la première étape, car le poids des colis est souvent utilisé pour déterminer quel mode de transport sera utilisé pour expédier le produit (p. ex., colis ou chargement par camion). De plus, le poids de l'envoi est souvent utilisé comme élément clé pour déterminer quel transporteur de transport particulier sera utilisé et une variable importante pour déterminer les coûts de transport.

De plus, différentes caractéristiques peuvent être utilisées pour déterminer le mode de transport et les coûts de transport. Par exemple, la taille de la commande (longueur, largeur et dimensions de hauteur) dicte le choix du mode et le coût du fret plus que le poids seul.

D'autres déterminants clés sont utilisés pour déterminer le meilleur mode de transport pour un ordre particulier. La date attendue de la commande par le client est également un facteur important. Par exemple, si un client s'attend à ce qu'une commande arrive à son emplacement dans deux jours, mais que le service terrestre standard prend cinq jours, il peut être nécessaire d'utiliser le service de colis express pour respecter la date limite.

De plus, les caractéristiques du produit (p. ex., les matières dangereuses) peuvent dicter l'utilisation d'un mode ou d'un transporteur particulier. L'exportation de matériel vers un autre pays entraînera également l'utilisation de modes, de transporteurs et de documents particuliers. Dans le cas des expéditions à l'exportation, le personnel d'expédition doit faire attention de respecter les règlements propres à l'entreprise concernant la préparation des documents d'expédition, car les documents d'exportation sont plus complexes que pour les expéditions intérieures. Une fois que le poids de la commande et les activités de sélection du mode ou du transporteur ont été effectués, la documentation est préparée pour la commande et les expéditions particulières à l'aire d'expédition.

Un envoi et une commande peuvent nécessiter un seul véhicule (p. ex., lorsqu'une seule commande à un seul client remplit une remorque entière); cependant, un envoi sortant du quai d'entrepôt peut consister en plusieurs commandes ou expéditions spécifiques de clients (p. ex., lorsque des douzaines de commandes ou d'envois individuels, spécifiques à un consommateur, sont chargés dans une remorque UPS pour être livrés par l'intermédiaire de leur réseau).

Enfin, les contrôles de température (c.-à-d. les marchandises périssables) et la sécurité des produits (articles appartenant à l'entreprise) doivent également être pris en considération lors du choix des modes et des transporteurs.

12. Regroupement des véhicules sortants :

C'est un processus de collecte des marchandises en attente d'expédition qui permet la préparation du chargement d'un seul véhicule. Ces chargements sont recueillis dans des couloirs d'entreposage, ou des baies, qui sont immédiatement adjacents au quai de chargement où les véhicules de livraison de ces chargements attendent d'être chargés.

La consolidation (le regroupement) a pour effet de tamponner les débits des marchandises arrivant de l'étape de préparation/emballage de la commande contre les flux inégaux nécessaires pour satisfaire le mouvement du véhicule à l'expédition. En plus des marchandises reçues des opérations de ramassage/emballage, les marchandises reçues pour le transbordement seront également mises en attente/regroupées dans cette zone pour l'expédition.

En général, la zone de répartition est une opération de stockage à un seul niveau. Lorsqu'il y a des limites d'espace ou des coûts d'espace excessifs, la hauteur disponible est souvent utilisée à l'aide de palettes, de casiers d'entraînement, de systèmes de stockage par gravité pour palettes ou cartons et de plateformes de stockage surélevées.

13. Chargement dans le véhicule de livraison :

La fonction de chargement et d'expédition des colis garantit que les commandes des clients sont placées sur le bon véhicule de livraison. Le processus de chargement du véhicule est effectué à l'aide des méthodes manuelles et mécanisées, ou automatisées, utilisées dans la fonction de réception. Les méthodes de chargement des véhicules sont décrites ci-dessous :

Baies de niveau :

Les véhicules peuvent être chargés dans une cour ouverte. Les chariots élévateurs peuvent retirer les palettes du côté du camion et les faire passer directement dans l'entrepôt. La protection contre les intempéries est généralement nécessaire, de sorte qu'un auvent est fourni.

Quais surélevés :

Les quais d'expédition surélevés sont généralement utilisés dans les entrepôts, qui sont fixés à la hauteur du véhicule. Le camion retourne sur le quai, et des transpalettes ou des chariots élévateurs à fourche à profil bas entrent dans le véhicule pour le chargement.

Les véhicules ont tendance à différer en hauteur, de sorte qu'un niveleur de quai sera nécessaire pour prendre les différences de hauteur entre le quai et le véhicule; en outre, un abri de quai ou un sceau sera probablement utilisé pour protéger l'entrepôt contre le vent et la pluie. Dans les situations où il n'y a pas de quai surélevé, des rampes mobiles peuvent être utilisées. Les rampes mobiles sont en acier et mesurent en général 36 pieds de long sur 6 pieds de large. Les transpalettes et les chariots élévateurs les utilisent pour accéder aux conteneurs ou remorques de chargement final. Les rampes peuvent être déplacées à la main par des chariots élévateurs ou par des roues.

Convoyeurs de chargement/déchargement :

Les convoyeurs à rallonge sont utilisés lorsque les conteneurs doivent être chargés ou déchargés manuellement. Il existe de nombreux modèles, et le style général dépend si le conteneur est chargé à un quai surélevé ou à un quai de niveau. Dans le premier cas, des convoyeurs à rouleaux gravitaires sont souvent utilisés. Lors du chargement ou du déchargement de conteneurs à partir d'une baie horizontale, des convoyeurs à flèche télescopiques sont nécessaires. Ces convoyeurs peuvent accueillir la différence de hauteur. Deux personnes doivent utiliser des convoyeurs : une personne est sur le véhicule et l'autre est au pied du convoyeur.

Systèmes de chargement rapide :

Les systèmes de chargement rapide visent à réduire considérablement le temps nécessaire pour charger ou décharger un véhicule, ce qui réduit le temps d'exécution du véhicule. La plupart de ces systèmes sont basés sur le montage des véhicules avec un convoyeur à rouleaux. Un système typique peut consister en un lit de convoyeurs à rouleaux sur le véhicule et un lit similaire sur le quai de chargement.

Une charge de véhicule est pré assemblée sur le lit de convoyeurs sur le quai de chargement; ensuite, un véhicule arrive et revient en position, et le transfert complet de la charge sur le convoyeur de quai à véhicule. Le temps réel de transfert de charge peut prendre aussi peu que 90 secondes; cependant, le temps est ajouté à ce 90 secondes pour ouvrir le véhicule, enlever les palettes vides, reculer, fermer les portes et sceller le véhicule.

Le convoyeur à rouleaux peut être relevé et abaissé de sorte que les rouleaux soient relevés lors du chargement/ déchargement et peuvent être abaissés de sorte que les palettes reposent sur le plancher du véhicule pendant le transport. Les charges n'ont pas besoin d'être des palettes, mais elles doivent avoir une base ferme et plate adaptée aux convoyeurs à rouleaux. Les charges peuvent également être poussées en position à la main.

Les avantages du système sont que la main-d'œuvre des véhicules de chargement et de déchargement est réduite, en particulier si l'équipement du quai est alimenté automatiquement par des convoyeurs ou des AGV (Automated Guided Vehicle), et le roulement du véhicule est considérablement réduit, ce qui permet d'économiser de l'argent.

6. Les opérations de transport :

1. Coûts fixes VS Coûts variables :

Coûts fixes :

Les coûts fixes sont des dépenses qui ne changent pas en fonction du niveau d'utilisation et d'activité. Dans l'exemple d'équipement, le coût fixe est représenté par le coût d'achat de l'équipement. Le transport de marchandises comprend les coûts fixes, comme les transporteurs de LTL (pour transporter des petites quantités) qui imposent une redevance dans leurs contrats appelée la redevance minimale absolue (AMC : Absolute Minimum Charge). AMC est le montant minimum accepté, et les transporteurs ne peuvent accepter rien de moins que l'AMC. De plus, lorsqu'on paie un coût fixe et qu'on expédie un TL (pour transporter une grande quantité) ou un wagon complet, le montant payé correspond au coût total du TL ou du wagon, même s'il n'est pas chargé à pleine capacité.

Coûts variables :

Les coûts variables sont différents des coûts fixes parce qu'ils changent en proportion directe du niveau d'utilisation et d'activité. Dans l'exemple de l'achat d'équipement, les coûts d'entretien en usine seraient un exemple de coût variable. À mesure que l'usine d'assemblage fait fonctionner l'équipement pendant de longues périodes, les coûts d'entretien augmentent également. Le transport de marchandises comprend également plusieurs coûts variables. Par exemple, la plupart des transporteurs s'attendent à ce que les expéditeurs paient davantage pour le fret lorsque les coûts variables augmentent (c.-à-d. la distance parcourue, le poids et le volume).

2. Considérations relatives aux coûts de transport :

Le personnel des transports doit tenir compte des facteurs de coût lorsqu'il établit des devis pour les tarifs de certains envois. De plus, les transporteurs doivent déterminer le montant à facturer pour certains forfaits et leur lien avec le prix d'autres facteurs. Ces autres facteurs pourraient être des facteurs de coût importants et ils sont abordés dans les autres sections de cette unité :

Services spéciaux :

Les produits de services spéciaux (p. ex., le contrôle de la température ou du climat) coûtent plus cher à expédier parce qu'ils nécessitent une manutention précise. Par exemple, les produits réfrigérés ou congelés nécessitent des camions avec des frigos pour les garder au froid pendant le transport, et pendant l'hiver, les produits peuvent nécessiter des camions chauffés pour les empêcher de geler. De plus, les produits frais nécessitent souvent certains types de manutention, de l'équipement spécialisé et, dans certains cas, de l'équipement à température contrôlée.

Matières dangereuses :

Les matières dangereuses comprennent un certain nombre de substances ou de matières qui peuvent poser un risque déraisonnable pour la santé, la sécurité ou les biens lorsqu'elles sont transportées. Les matières dangereuses sont divisées en 10 classes : explosifs, gaz, liquides inflammables, solides inflammables, oxydants, poisons, matières radioactives, matières corrosives, articles divers et autres. Parmi ces matières dangereuses, mentionnons les acides, les feux d'artifice, les peintures particulières et la dynamite. Les expéditeurs ont tendance à payer plus lorsqu'ils transportent des matières dangereuses. La première raison de cette dépense supplémentaire est que ce ne sont pas tous les transporteurs qui manipulent des matières dangereuses. La deuxième raison de la dépense est que la formation spécialisée et les précautions supplémentaires doivent être prises lors du transport de matières dangereuses.

Biens de grande valeur :

Le transport de marchandises coûteuses ou rares exige des frais supplémentaires des expéditeurs pour un certain nombre de raisons. Premièrement, les cambrioleurs ont tendance à prendre des biens de grande valeur plutôt que des biens de faible valeur; par conséquent, le niveau de sécurité et de soin exercé lors du transport de ces articles est plus élevé que la normale. La deuxième raison de ces frais supplémentaires est que les articles de grande valeur exigent habituellement des coûts d'assurance plus élevés.

Risque :

Les marchandises fragiles sont plus susceptibles d'être endommagées en transit que les autres marchandises (p. ex., œufs ou produits de verre). Ces types de produits ne seraient pas nécessairement considérés comme des matières dangereuses ou des marchandises de grande valeur, mais les expéditeurs devraient s'attendre à être facturés plus pour ces articles que pour les articles, qui n'auraient pas un risque élevé d'être endommagés en transit.

Balance du fret :

Le solde du fret exige que la quantité de fret allant à une destination corresponde à la quantité remontant au point de départ. Par exemple, le transport de marchandises entre Atlanta et Dallas devrait être égal au transport de marchandises entre

Dallas et Atlanta. Avec le fret équilibré, les transporteurs sont en mesure d'avoir des charges compensatoires sur la liaison principale (Atlanta-Dallas) : Headhaul et la liaison inverse (Dallas-Atlanta) : Backhaul. Toutefois, il est rare qu'il y ait un équilibre de fret. Par exemple, dans le commerce international entre les États-Unis et la Chine, les États-Unis reçoivent beaucoup plus de marchandises conteneurisées de la Chine que la Chine reçoit des États-Unis. Les mouvements de fret intérieur ont des organisations qui évitent de localiser les installations de distribution dans l'État de Floride en raison des coûts élevés.

Saisonnalité :

Les prix des transports ont tendance à fluctuer en fonction des saisons de voyage populaires de l'année. Par exemple, les billets d'avion ont tendance à être plus chers lorsqu'ils sont achetés pendant les mois de vacances de novembre et de décembre. Une des raisons de cette dépense supplémentaire est que les transporteurs savent qu'ils vendront leur capacité pendant les temps de déplacement courants. Ce concept s'applique également aux mouvements de marchandises. Par exemple, les prix indiqués par les pétroliers, qui sont utilisés pour le transport du mazout de novembre et de décembre, sont constamment plus élevés que ceux des pétroliers semblables entre janvier et avril (Kavussanos et Alizadehm, 2002).

3. Modèles de prix dans les transports :

Les employés de divers modes de transport traitent différemment les modèles de tarification. En raison de ces différences, il est important de comprendre les bases de la tarification du fret dans les différents modes de transport. Cette section comprend de l'information sur les différents modèles de prix des modes de transport :

Prix pour les LTL :

L'industrie des LTL (camions pour transporter des petites quantités) établit les tarifs en fonction du système de tarification par classe. Le système de taux par classe vise à simplifier le processus de tarification du fret avec des caractéristiques de fret intrinsèquement différentes, telles que la sensibilité à la chaleur et à la lumière, la volatilité, la sécurité requise, etc. Au lieu d'avoir un prix différent pour chaque produit, les marchandises ayant des caractéristiques de fret semblables sont attribuées à des groupes de marchandises communs appelés classes. Il y a 18 classes de marchandises identifiées par une valeur numérique allant de 50 à 500 (National Motor Freight Traffic Association, 2015). Des cotes de classe inférieures équivalent à des prix plus bas.

Les classes pour différents types de fret sont régies par National Motor Freight Classification, c'est un système principalement utilisé par le transporteur pour définir le prix des déplacements, qui relève de la National Motor Freight Traffic Association.

Ces classifications sont révisées périodiquement par ces deux organisations. Les cotes de classe inférieure sont attribuées au fret de faible valeur, qui est facile à manipuler, peu susceptible de causer des dommages et de nature dense; les cotes de classe supérieure sont attribuées au fret de grande valeur, qui est coûteux, léger, volumineux et plus susceptible d'être endommagé.

Les transporteurs permettent parfois aux expéditeurs de regrouper différentes classes tarifaires dans une classe principale appelée « Freight-Allkinds » (FAK). Cette classe de maître existe pour faciliter le calcul et la tenue de dossiers, entre autres. En plus de la cote de classe attribuée au fret, le prix du transporteur est déterminé par le poids de l'envoi.

Par conséquent, des poids d'expédition plus élevés nécessitent des tarifs plus élevés. Cependant, l'augmentation du taux en fonction du poids n'est pas linéaire; habituellement, les pauses de poids sont appliquées à des niveaux prédéterminés.

Les sauts de poids typiques sont les suivants : 500 livres, 1 000 livres, 2 000 livres, 5 000 livres, 10 000 livres et 20 000 livres. De plus, les transporteurs de LTL appliquent habituellement des rabais sur le tarif publié à des niveaux de poids précis.

Prix pour les transporteurs de fret routier TL :

La plupart des envois TL (camions pour le transport des grandes quantités) sont tarifés point à point, dans le cadre desquels les expéditeurs paient des taux fixes pour les envois entre deux points en fonction de la capacité des camions. Ces taux sont habituellement basés sur le kilométrage entre les deux points et sont appelés des taux de kilométrage. Les autres options tarifaires en dehors du kilométrage comprennent la livre, le pied linéaire, le quintal et la tonne courte, bien qu'elles soient rarement utilisées. Les transporteurs de TL peuvent imposer des frais supplémentaires au-delà du tarif du kilométrage, ce qu'on appelle des frais accessoires, notamment :

- supplément carburant : ce supplément est évalué pour couvrir les hausses imprévues du prix du carburant (généralement le carburant diesel).
- détention/droits de stationnement : ces frais sont ajoutés lorsque les expéditeurs ou les destinataires font attendre les camionneurs plus longtemps que la normale.

Fret aérien :

Le tarif du fret aérien est habituellement offert en fonction du coût par kilogramme : Le tarif par kilogramme diminue à mesure que le poids de l'envoi augmente.

Le prix est habituellement offert à domicile (c.-à-d. l'emplacement de l'expéditeur par rapport à l'emplacement du client), à l'aéroport (c.-à-d. l'emplacement de l'expéditeur par rapport à l'aéroport) ou à l'aéroport par rapport à l'emplacement du client. Un prix offert est le prix du prochain vol, qui est généralement beaucoup plus cher que les autres prix offerts, parce que si les expéditeurs ne veulent pas attendre pour leurs marchandises, ils peuvent être expédiés dans le prochain vol disponible à un prix plus élevé. Toutefois, le type de prix le plus courant est le prix consolidé. Ce prix est utilisé lorsqu'un intermédiaire (p. ex., un transitaire) recueille les envois de plusieurs petits expéditeurs et les regroupe pour former un seul gros envoi, réduisant ainsi les coûts.

Un élément d'établissement des coûts unique dans le fret aérien est le facteur dimensionnel (DIM Factor). Le facteur DIM est essentiellement le calcul par les transporteurs de marchandises de ce que les articles devraient peser en fonction de leur volume. La formule pour calculer le volume est l*L*h (largeur*longueur*hauteur). Selon ce calcul, les transporteurs aériens appliqueraient le facteur DIM pour estimer les valeurs de poids théoriques des articles. Ensuite, les transporteurs pèsent le colis, comparent le poids théorique et le poids réel, et le plus élevé des deux valeurs de poids s'applique aux fins du prix. Par exemple, Fedex et UPS utilisent un facteur DIM de 166 pour les envois de fret intérieur (en pouces et en livres). Par conséquent, si un colis mesure 40 pouces de long, 30 pouces de large et 50 pouces de haut, le poids théorique devrait être (40*30*50) / 166 = 361,45 livres, ce qui arrondirait jusqu'à 362 livres. Si le poids réel était supérieur à 361 livres, le prix du poids réel serait appliqué. Cependant, si le poids réel était inférieur à 362 livres, alors le prix d'un colis de 362 livres serait appliqué pour l'expédition.

Transport maritime :

Les taux de fret sont généralement cotés sur une base FCL (Full Container Load : lorsque les biens d'un client remplissent un conteneur en entier) ou LCL(Less than Container Load : lorsque les biens de client ne remplissent pas un conteneur en entier). Livre pour livre, avoir une FCL coûte généralement beaucoup moins cher que d'avoir une LCL. Les envois FCL sont généralement tarifés par conteneur, mais les envois LCL sont généralement indiqués sur un poids ou une mesure de l'envoi, ce qui est plus favorable pour les compagnies maritimes. Comme pour le transport de TL, plusieurs suppléments peuvent également s'appliquer au fret maritime. Ces suppléments sont décrits ci-dessous :

- facteur d'ajustement du mazout : il s'agit d'une majoration supplémentaire imposée aux expéditeurs pour compenser les fluctuations du prix du carburant des navires et aussi appelée majoration du mazout.
- facteur d'ajustement monétaire : ce facteur est parfois appliqué lorsque les devises doivent être converties.
- frais de manutention du terminal : ils couvrent les frais de transport du fret lorsqu'il est sur le quai.

4. Transport privé :

Parfois, les expéditeurs doivent transporter des marchandises et trouvent qu'il est plus avantageux de les transporter eux-mêmes, alors ils utilisent le transport privé. Dans le transport privé, les expéditeurs possèdent ou louent certaines pièces d'équipement et les utilisent pour faire avancer leur entreprise; ces pièces d'équipement sont rarement, voire jamais, louées à d'autres entreprises. Par conséquent, les entreprises qui possèdent des flottes privées sont habituellement impliquées dans des industries autres que le transport.

La plupart des transports privés sont effectués au moyen de routes, de sorte que peu d'entreprises ont des flottes privées pour le transport non routier (p. ex., l'océan ou l'air). Toutefois, la plupart des pipelines sont privés et ne sont habituellement pas disponibles à la location pour d'autres sociétés; même si des pipelines privés étaient disponibles, la plupart des sociétés ne pourraient pas utiliser les pipelines d'autres sociétés parce qu'ils mènent habituellement à des installations particulières.

Comme nous l'avons déjà dit, les flottes privées ont tendance à être plus courantes pour les modes de transport terrestre. Par exemple, Walmart possède une flotte privée de plus de 6 000 tracteurs et 55 000 remorques, ce qui rend sa flotte privée plus importante que celle de nombreuses autres entreprises de camionnage (Walmart Private Fleet, s.d.). Pour les autres entreprises ayant des parcs privés, les données indiquent qu'il y a plus de 33 000 entreprises aux États-Unis ayant des parcs privés de 10 véhicules ou plus (Edwards, 2006). Non seulement les flottes privées transportent du fret, mais elles sont aussi utilisées pour offrir de multiples services, y compris des services de câblodistribution, de téléphonie et de sécurité. Par exemple, AT&T, le plus grand fournisseur de services téléphoniques, possède un parc privé de camions, que les travailleurs utilisent pour visiter les maisons et fournir un service à la clientèle sur différentes pièces d'équipement.

De nombreux avantages motivent les entreprises à posséder des flottes privées, comme assurer les meilleurs prix et le plus de commodité. Par exemple, lorsque les grandes entreprises ont la capacité de transporter leurs propres marchandises, les fournisseurs de services de transport de l'extérieur fournissent des soumissions concurrentielles parce que le transport interne a tendance à être plus pratique pour les entreprises. Cependant, lorsque les fournisseurs externes savent que les entreprises ont une capacité limitée ou inexistante de transporter leurs propres marchandises, les fournisseurs sont moins concurrentiels par rapport à leurs prix.

5. Transporteurs fondés sur les actifs et exploitants propriétaires :

Les entreprises qui ne sont pas en mesure ou désintéressées de déplacer leur propre fret sous-traitent habituellement le mouvement du fret à une entreprise spécialisée. Les entreprises peuvent travailler directement avec leurs compagnies de fret, et d'autres compagnies travaillent par des intermédiaires. Les gros expéditeurs et les grandes entreprises qui ont des volumes importants de marchandises travaillent habituellement directement avec des transporteurs de marchandises connus sous le nom de transporteurs actifs parce qu'ils possèdent leurs propres camions, tracteurs et autres pièces d'équipement. De même, plusieurs petits transporteurs possèdent une poignée de camions exploités par leurs propriétaires (c.-à-d. propriétaires-exploitants).

6. Prestataires logistiques tiers :

Les fournisseurs externes et les fournisseurs qui exécutent tout ou partie des fonctions logistiques de l'entreprise sont appelés 3PLs. De nombreuses grandes entreprises se procurent des matières premières et des produits finis de partout dans le monde, il est donc peu pratique, et parfois impossible, d'être présent dans les lieux d'approvisionnement pour assurer un transport efficace des marchandises. Par conséquent, 3PLs interagissent personnellement avec le fret pour les entreprises qui les emploient. Plus précisément, les 3PLs répondent aux besoins de transport de certaines entreprises, notamment en trouvant des transporteurs pour transporter le fret, en localisant des entrepôts pour entreposer le fret et en trouvant de l'équipement de soutien. Le partenariat avec les 3PLs est de plus en plus populaire en raison des services qu'ils fournissent; en fait, plus de 85 % des entreprises américaines du 'Fortune 500' (le classement des 500 premières entreprises américaines par chiffre d'affaires) travaillent maintenant avec les 3PLs (Magpantay, 2015). Il existe également différents types de 3PLs. Un type de 3PL comprend les transporteurs basés sur l'actif, indiquant qu'ils déplacent le fret des entreprises sur leurs propres camions et les stocker dans leurs propres entrepôts. L'autre type de 3PL concerne les transporteurs non basés sur les actifs, indiquant qu'ils ne possèdent pas de camions ou d'entrepôts, mais ils choisissent les options les plus disponibles sur le marché libre.

7. Transitaires :

Selon la Federal Motor Carrier Safety Administration (FMCSA), un transitaire est une personne ou une entité à la disposition du grand public pour assurer le transport de biens (sauf par pipeline, rail ou eau) à des fins d'indemnisation, qui est fournie lorsqu'il s'agit :
- d'assembler et regrouper les envois, effectuer des livraisons groupées et les distribuer.
- d'assumer la responsabilité du transport du lieu de réception au lieu de destination (USDOT, 2014c).

Essentiellement, les transitaires sont des intermédiaires qui exercent plusieurs activités différentes pour leurs clients. En plus d'entreposer, d'emballer et de manipuler les marchandises, ils sont également admissibles à réserver le fret auprès d'entreprises de transport et à émettre leurs propres connaissements. Les transitaires regroupent habituellement les expéditions de nombreuses petites entreprises en gros envois pour obtenir des rabais sur le volume des transporteurs de fret. Ils sont donc en mesure de réaliser des marges bénéficiaires en ajoutant des facteurs d'inflation aux prix indiqués par les transporteurs. Avec les réductions de volume, ces prix gonflés sont, dans la plupart des cas, encore inférieurs aux prix que les petits expéditeurs et les entreprises seraient facturés s'ils travaillaient directement avec le fret transporteur.

Tel que décrit, des activités et des modèles d'affaires sont semblables entre les 3PLs et les transitaires. Les deux sont des intermédiaires qui aident au transport de marchandises et ils remplissent un bon nombre des mêmes fonctions. Comme l'industrie du transport continue de croître et de progresser, il est difficile de reconnaître 3PLs des transitaires et vice versa; en fait, de nombreux transitaires se présentent comme 3PLs (Management Study Guide, 2013). Toutefois, la meilleure façon de reconnaître la différence entre ces intermédiaires est de comprendre leur orientation. Si l'objectif et l'expertise des intermédiaires sont précisément le transport et non l'entreposage, le tri, le stockage, la consolidation ou le réemballage, il s'agit probablement de transitaires et non de 3PLs. Cependant, si leur objectif et leur modèle d'affaires sont plus généraux, ils sont probablement 3PLs et non transitaires.

8. Courtiers en fret :

Un autre type d'intermédiaire facilite le mouvement du fret pour leurs clients, et ils sont connus comme des courtiers de fret. Le principal objectif des courtiers en fret est de servir de moyen de liaison entre les transporteurs de fret et les expéditeurs, comme pour l'achat de billets d'avion au moyen de sites Web de tiers (p. ex., Priceline.com ou Expedia.com). Les courtiers de fret ne sont généralement pas responsables des réclamations, des assurances, etc., de sorte qu'ils sont moins impliqués dans le processus de transport que les 3PLs et les transitaires. Par exemple, les courtiers en fret n'émettent pas leurs propres connaissements; au lieu de cela, les transporteurs traitent ces types de documents directement.

Pour comprendre la différence entre les intermédiaires de fret décrits ci-dessus, il est important de se rappeler que chacun offre différents niveaux de service et qu'ils assument différents niveaux de responsabilité. En général, les 3PL assument la plus grande responsabilité et assurent le plus grand nombre de services, suivis des transitaires, qui sont moins impliqués dans le processus, et, enfin, les courtiers de fret assument le moins de responsabilités et de services dans le processus.

9. Contrats :

Les contrats sont au cœur de la vie de tout professionnel du transport parce qu'ils sont nécessaires pour expédier des produits. Dans sa forme la plus élémentaire, un contrat peut être considéré comme un accord exécutoire entre deux parties ou plus. Les gens font des ententes tous les jours, mais ce ne sont pas toutes les ententes qui peuvent être considérées comme un contrat valide. Un contrat est généralement compris dans l'industrie du transport comme une entente entre des personnes ou des groupes dans laquelle les parties effectueront des tâches en échange d'autres tâches accomplies; par conséquent, les parties sont censées exécuter les conditions du contrat. Si les parties n'exécutent pas les conditions énoncées dans le contrat, elles devront alors faire face à des recours légaux. Un exemple de contrat simple serait lorsqu'un expéditeur envoie un courriel à un camionneur pour demander le transport de marchandises d'une source précise à une destination et date précises pour 1 000 $. Le camionneur envoie un courriel de retour et accepte. Ces courriels peuvent être classés comme un contrat. Les contrats sont rédigés et examinés selon trois conditions essentielles : une offre, une acceptation et une considération.

Offre :

Une offre est une proposition ou une expression présentée par des personnes ou des groupes lorsqu'ils sont disposés à accomplir une tâche. Par exemple, un expéditeur demande à un camionneur de transporter 20 palettes de marchandises, chacune pesant 50 livres, de Boston à Baltimore pour 1 800 $ le 10 octobre. L'expéditeur a fait une offre spécifique, en volumes spécifiques (20 palettes à 50 livres chacune) à une date spécifique (10 octobre), de/vers des lieux spécifiques (Boston/Baltimore) à un prix spécifique (1800 $). Ceci constitue une offre valable.

Acceptation :

La deuxième partie importante des contrats est l'acceptation. Légalement, les contrats n'existent pas tant que les offres ne sont pas formellement acceptées par écrit ou verbalement. Bien qu'elles le soient habituellement, les acceptations n'ont pas toujours besoin d'être les mêmes que les offres; en fait, on prévoit que les acceptations peuvent ajouter des conditions qui peuvent devenir partie intégrante du contrat, à moins que les offrants ne s'y opposent dans un délai raisonnable. Si les offres et les acceptations correspondent, cet accord mène à des contrats. Si les offres et les acceptations ne correspondent pas, c'est ce qu'on appelle une négociation : une contre-offre à l'offre originale d'un individu ou d'un groupe. Dans les négociations, les offres et les contre-offres sont échangées jusqu'à ce que les deux parties parviennent à un accord; cela s'appelle aussi une rencontre des esprits.

Considération :

La contrepartie est une forme d'obligation mutuelle dans laquelle les parties sont liées par des contrats à exécuter à un certain niveau et conviennent de s'acquitter de leurs responsabilités. Les considérations peuvent avoir une valeur et donner une validité juridique aux contrats. Dans l'exemple ci-dessus, les 1 800 $ que l'expéditeur a accepté de payer étaient la contrepartie. La contrepartie (en supposant que le camionneur a accepté l'offre) a été énoncée; en envoyant un courriel, le camionneur a accepté de transporter les marchandises en échange des 1 800 $ de l'expéditeur.

10. Code commercial uniforme UCC :

Lorsqu'on achète des produits à l'échelle nationale, il est important de comprendre que les règlements en cause concernent le processus d'achat et la propriété des produits. Pour résoudre les malentendus potentiels entre les états et les pays, l'UCC (Uniform Commercial Code) recommande un ensemble de lignes directrices suffisamment strictes pour être considérées comme des lois. L'UCC a été promulguée dans 49 des 50 états américains (la Louisiane est la seule exception, mais sa version promulguée n'a que quelques différences par rapport à l'UCC originale). L'UCC fournit donc la base juridique de la terminologie utilisée dans les transactions intérieures américaines entre les parties à une transaction. Plusieurs articles d'UCC portent sur certaines transactions (par exemple, l'article 2 pour les ventes et l'article 2A pour les baux). L'article 7 d'UCC est l'article le plus pertinent pour l'industrie du transport : il couvre les entrepôts, les connaissements, les titres et des sujets semblables. Dans le présent article, l'UCC définit plusieurs termes du commerce applicables au transport intérieur, y compris Free On Board (FOB) et d'autres. Par exemple, FOB signifie que le vendeur dépose les marchandises dans le port proposé par l'acheteur. A partir de ce moment, l'acheteur les récupérera de port à sa destination et c'est celui qui paie ces coûts de transport. Ces termes de l'échange déterminent qui paie pour le transport, qui est propriétaire des marchandises en transit et qui peut présenter des demandes, au besoin.

11. Règlement fédéral sur la sécurité des transporteurs routiers :

Il est important de respecter les règlements fédéraux sur la sécurité des transporteurs routiers pour de nombreuses raisons.

Les gens ont soutenu que les règlements sont inutiles, mais qu'ils ont aidé de nombreuses personnes à rester en sécurité dans différentes situations (p. ex., avoir des limites de vitesse sur les routes). Spécifiquement pour le fret commercial, ces règlements sont établis par la FMCSA (Federal Motor Carrier Safety Administration), un organisme opérant au sein de l'USDOT (le Département du Transport des États-Unis). La FMCSA a publié plusieurs règlements visant à réduire au minimum les incidents causés par les transporteurs routiers commerciaux qui circulent sur les routes publiques.

Federal Motor Carrier Safety Administration Définition des véhicules utilitaires :

Selon la FMCSA, un véhicule automobile commercial est défini comme un véhicule automoteur ou automoteur utilisé sur les routes dans le commerce entre les états pour transporter des passagers ou des biens lorsque le véhicule appartient à l'une des

quatre catégories suivantes :
- le poids brut du véhicule ou le poids combiné brut du véhicule est de 10.001 livres ou plus, selon le plus élevé des deux.
- le véhicule est conçu ou utilisé pour transporter plus de huit passagers, y compris le conducteur, à des fins d'indemnisation.
- le véhicule est conçu ou utilisé pour transporter plus de 15 passagers, y compris le conducteur, sans indemnisation.
- le véhicule est de toute taille et est utilisé pour transporter des matières dangereuses en quantités qui nécessitent une plaque (USDOT, 1988).

Selon cette définition, ces règlements ne s'appliquent qu'aux transporteurs commerciaux d'un type particulier et non aux véhicules personnels ou aux conducteurs non commerciaux. Les taxis sont également exemptés de ce règlement. La section du Règlement de sécurité de la FMCSA comprend des renseignements sur les principaux règlements de sécurité émis par la FMCSA.

Les règlements de la FMCSA:

Voici deux exemples de règlements de sécurité de la FMCSA :
- interdiction des téléphones cellulaires : à compter de janvier 2012, il est interdit aux conducteurs de véhicules commerciaux de tenir un téléphone cellulaire lorsqu'ils conduisent un véhicule. Cela ne signifie pas que les conducteurs ne peuvent pas parler sur leur téléphone cellulaire; cela signifie plutôt que les conducteurs ne peuvent pas tenir leur téléphone cellulaire, alors l'utilisation d'un téléphone cellulaire avec des haut-parleurs ou des écouteurs est acceptable.
- équipement d'urgence : les véhicules commerciaux

doivent être équipés d'extincteurs d'incendie, de dispositifs d'avertissement et de fusibles de rechange appropriés, au besoin.

Les lois de la FMCSA:

La FMCSA comporte également une série de règlements pour les personnes autorisées à devenir conducteur de véhicules utilitaires. Les conducteurs doivent satisfaire à des exigences particulières pour conduire des véhicules utilitaires :
- être âgé d'au moins 21 ans pour opérer dans le commerce inter-états (entre états).
- être âgé d'au moins 18 ans pour opérer dans le commerce intraétatique (au sein d'un état).
- être âgé d'au moins 21 ans pour transporter des matières dangereuses, si le véhicule nécessite des plaques.
- lire, parler et comprendre suffisamment bien l'anglais pour communiquer avec le grand public et les responsables de la réglementation.
- être capable de conduire des véhicules utilitaires en toute sécurité.
- avoir la capacité et la formation nécessaires pour charger et sécuriser en toute sécurité le fret.
- posséder un certificat de médecin légiste valide ou des dispenses et exemptions médicales.
- posséder un permis de conduire valide pour le type de véhicule utilisé.

Règles sur les heures de service :

La FMCSA a également publié une série de lignes directrices sur le nombre de conducteurs autorisés à conduire, qu'on appelle les règles sur les heures de service (HOS : Hours Of Services). La fatigue, tant mentale que physique, est souvent un facteur principal dans les incidents de camions, car elle peut causer des manques de jugement et de concentration, en particulier à des vitesses plus élevées sur les autoroutes interétatiques. En fait, la fatigue du conducteur et les conséquences des erreurs de jugement ont été attribuées à plus de 12 % des accidents de gros camions et d'autobus en 2012 (USDOT, 2014b). Les conducteurs doivent respecter les règles du HOS :

- les conducteurs peuvent conduire jusqu'à 11 heures, après 10 heures consécutives de repos; toutefois, en aucun cas, les conducteurs ne devraient conduire pendant 14 heures après leur arrivée au travail.
- les conducteurs doivent prendre une pause de 34 heures de conduite et d'autres tâches toutes les 168 heures (c.-à-d. tous les 7 jours). De plus, les conducteurs ne peuvent pas conduire plus de 60 à 70 heures sur une période de 7 à 8 jours consécutifs.
- les conducteurs doivent tenir un registre quotidien de leurs activités pour chaque cycle de 24 heures dans un journal de bord quotidien. Les entrées doivent être conservées dans le bureau de l'employeur et être examinées pour l'exactitude et la conformité.

12. Cabotage:

Les lois sur le cabotage sont un ensemble de lois mises en place pour le transport intérieur par des transporteurs battant pavillon étranger. Les lois stipulent que le transport intérieur sera contrôlé par des transporteurs nationaux. Aux États-Unis, les lois sur le cabotage sont régies par la Jones Act et la Passenger Vehicle Service Act de 1886. Aux États-Unis, cela implique que le transport de marchandises et de passagers est limité aux navires construits, possédés, battant pavillon et avec équipage. Les lois sur le cabotage sont importantes à suivre, mais elles ont aussi leurs inconvénients; car suivre correctement les lois sur le cabotage a tendance à exiger plus de temps et d'argent.

Tenons l'exemple suivant : un navire immatriculé aux Philippines est chargé de marchandises et appareille pour le port américain de Los Angeles, au départ de la Chine. Lorsqu'il arrive au port de Los Angeles, il laisse tomber la partie de sa cargaison américaine destinée à Los Angeles. Le même navire se rend ensuite à Seattle, Washington pour déposer plus, puis se rend à Portland, Oregon pour déposer le reste de la cargaison. Une fois le navire complètement déchargé à Portland, il est chargé à nouveau avec une cargaison destinée à Tokyo, au Japon (un pays étranger).

Dans cet exemple, le navire se conforme aux lois américaines sur le cabotage en larguant des marchandises dans plusieurs ports américains, puis en ramassant des marchandises destinées à un pays étranger, dans cet exemple, Tokyo, au Japon.

Selon la loi américaine sur le cabotage, la cargaison ramassée par le navire à Portland n'aurait pas pu être livrée à un autre port américain. Si le navire avait également ramassé de la cargaison à Los Angeles et/ou à Seattle (ou dans tout port américain), cette cargaison ne pourrait pas être livrée à un autre port américain, mais seulement à un port étranger. Toutefois, les navires immatriculés à l'étranger sont autorisés à ramasser des conteneurs vides dans un port américain et à les déposer dans un autre port américain.

13. Le Role de Key U.S. Government Agencies en Transportation :

Comme nous l'avons vu précédemment, l'industrie du transport contient de nombreux règlements, et les personnes qui travaillent dans le domaine du transport devraient comprendre les règlements applicables à leurs rôles particuliers. Cette partie énumère les principaux organismes et leurs principaux rôles dans le secteur des transports. Vous trouverez plus de détails sur les derniers règlements sur leurs sites Web :

Département des Transports des États-Unis :

Le rôle de l'USDOT est de servir les États-Unis en assurant un système de transport rapide, sûr, efficace, accessible et pratique.

Département de la Sécurité intérieure :

La mission du département de la Sécurité intérieure est de protéger le pays contre les nombreuses menaces auxquelles les États-Unis sont confrontés. Cela comprend des domaines allant de la sécurité aérienne et frontalière à l'intervention d'urgence et à la cybersécurité.

Douanes et protection des frontières des États-Unis :

Le Service des douanes et de la protection des frontières des États-Unis facilite les déplacements et le commerce internationaux licites; empêche l'entrée illégale de marchandises et de personnes aux États-Unis; intègre l'exécution des douanes, l'immigration, la sécurité frontalière et la protection agricole; inspecte le fret, y compris les conteneurs; et examine les équipages des navires et les passagers des navires de croisière arrivant dans les ports américains en provenance de tout port étranger.

Administration de la sûreté des transports :

La Transportation Security Administration a été créée pour renforcer la sécurité des systèmes de transport des États-Unis et assurer la liberté de circulation des personnes et du commerce. Outre les douanes et la protection des frontières, il est responsable de la sécurité des opérations commerciales, qui tente de vérifier le contenu des conteneurs à leur point d'origine, assure l'intégrité physique des conteneurs en transit, et assure le suivi du transport de marchandises et de passagers de l'origine à la destination.

Garde côtière américaine :

La Garde côtière américaine est l'une des cinq forces armées des États-Unis et la seule organisation militaire du département de la sécurité intérieure. Il protège les intérêts maritimes des États-Unis dans le monde entier et évalue, régit et inspecte les navires commerciaux qui approchent des eaux américaines. Le capitaine du port est l'officier de la Garde côtière responsable de la sécurité des navires et des voies navigables dans chaque zone portuaire des États-Unis.

Commission maritime fédérale :

La Federal Maritime Commission réglemente les ports et les opérations portuaires des États-Unis ainsi que le système de transport maritime international des États-Unis. Elle enquête sur les plaintes concernant les tarifs, les redevances, les classifications et les pratiques des transporteurs publics et des exploitants de terminaux maritimes. et les intermédiaires du transport maritime. En plus d'administrer la loi sur la marine marchande de 1984 et la Loi sur la réforme de la marine marchande des océans de 1998, cette organisation délivre également des licences aux sociétés de transport maritime. Ces lois confèrent aux exploitants de terminaux maritimes une immunité antitrust dans certaines conditions pour conclure des ententes entre eux afin de discuter des tarifs, des conditions de service ou des modalités de travail de coopération. La commission maritime fédérale examine et traite ces ententes, en veillant à ce qu'elles ne contiennent aucune disposition susceptible de produire une augmentation déraisonnable des coûts de transport ou une diminution déraisonnable du service.

Bureau national de la sécurité des transports :

Cet organisme enquête de façon indépendante sur les accidents aériens, ferroviaires, maritimes et de pipeline et détermine les causes probables. L'organisme mène également de nombreuses recherches pour recommander des améliorations à la sécurité et coordonne l'aide aux victimes après un accident.

14. L'importance du commerce international :

Le WTO est une tribune où les gouvernements peuvent négocier des accords commerciaux. L'objectif déclaré de le WTO (2015) est « d'aider le commerce à circuler le plus librement possible, pourvu qu'il n'y ait pas d'effets secondaires indésirables », car c'est important pour le développement économique et le bien-être. » En juin 2014, le WTO comptait 160 membres (WTO, 2015). Le WTO suit également les statistiques du commerce mondial. La valeur du commerce international est importante parce que les États-Unis exportent environ 1 580 billions de dollars de produits, juste derrière la Chine, et importent plus de 2 359 billions de dollars de produits, ce qui fait des États-Unis le plus grand importateur de produits (WTO, 2014).

Le commerce mondial, le commerce interrégional et le commerce intrarégional ont énormément augmenté, et le secteur des transports en a profité. Comme le transport maritime et aérien domine le commerce mondial, les statistiques de ces deux secteurs donnent une bonne indication de la croissance générale du secteur des transports. La flotte maritime mondiale est passée de 8 034 millions de tonnes chargées en 2007 à 9 548 millions de tonnes chargées en 2013 (Conférence des Nations Unies sur le commerce et le développement, 2014). Le trafic de passagers des compagnies aériennes est passé d'environ 370 milliards de kilomètres-passagers en 2007 à environ 470 milliards de kilomètres-passagers en 2012 (International Air Transport Association, 2013). En outre, le trafic de fret aérien est passé de 14,8 milliards de tonnes-kilomètres de fret en 2007 à

15,2 milliards de tonnes-kilomètres de fret en 2012, ce qui comprend un accident grave à environ 12 milliards de tonnes-kilomètres de fret au plus fort de la récession mondiale en 2009 (Association du transport aérien international, 2013).

15. Conditions commerciales internationales :

USPS et Fedex peuvent poser des questions spécifiques lorsque quelqu'un envoie des documents ou des colis par l'intermédiaire de leur service pour déterminer les conditions que l'expéditeur veut et le prix qu'il est prêt à payer :

- qui paie l'expédition? Les envois de retour sont souvent payés par l'entreprise qui vend les produits au moyen d'étiquettes de retour.
- l'expéditeur veut-il une assurance? Si oui, combien?
- l'expéditeur souhaite-t-il recevoir le courrier prioritaire ou la livraison du jour au lendemain (par avion) ou la livraison normale (par la route)?
- l'expéditeur veut-il confirmer que le document ou le colis est arrivé?

Même si ces questions semblent simples, les environnements commerciaux peuvent différer d'un pays à l'autre en fonction de la culture, de la réglementation et du cadre juridique, de la langue (même si l'anglais est parlé) et des façons de faire des affaires. Pour éviter la confusion et les litiges inutiles, la chambre de commerce internationale, dont le siège est à Paris, en France, a élaboré un ensemble de règles normalisées appelées INCOTERMS en 1936. Au fil des ans, plusieurs modifications ont été apportées à ces règles, et la huitième version actuelle s'appelle INCOTERMS® 2010, qui est entrée en vigueur le 1er janvier 2011 (ICC, 2010). Les INCOTERMS sont trois abréviations pour répondre à trois questions de base :

- qui paie le transport?
- à qui appartient le titre des marchandises?

- quand le risque passe-t-il de l'acheteur au vendeur et qui paie la responsabilité?

Les INCOTERMS figurent bien en évidence dans les documents de transport, y compris le connaissement, le contrat, la facture commerciale et la liste d'emballage, en plus des autres documents prescrits par les acheteurs et les vendeurs.

L'utilisation appropriée des INCOTERMS est très importante pour que le commerce international se déroule sans heurts. Cet exemple illustre l'importance des INCOTERMS : un fabricant de bourbon à Lexington, Kentucky, a reçu une demande d'un acheteur potentiel en France pour 4.000 bouteilles de bourbon, âgés de 10 ans. L'acheteur potentiel a demandé un prix ferme, CIF (Cost Insurance Freight), c'est un échange commercial représentant le prix des marchandises y compris les coûts de transport jusqu'à la frontière de pays qui recevrai les produits, à Marseille, France. Le fabricant de bourbon a procédé à l'examen des coûts pertinents (en dollars américains) comme suit: l'acheteur a demandé un prix CIF (Marseille), ce qui signifie que le vendeur est responsable du coût, de l'assurance et du fret vers la destination (Marseille, France). Cette bouteille de bourbon, lorsqu'elle est achetée à Lexington, coûte 75 $/bouteille. Le prix actuel de la FOB Lexington est de 75 $. Il y a 100 bouteilles dans chaque caisse de bourbon; 75$/bouteille multipliée par 100 bouteilles, dans une caisse est, 7500$/caisse. La FOB (Lexington) est donc de 7 500 $/ caisse. Pour expédier le cas de bourbon de Lexington à Marseille comprendra: le prix de 7 500 $ par caisse + 100 $ pour le fret ferroviaire + 30 $ pour le quai et la manutention + 500 $ pour le fret maritime = 8 130 $ par caisse et donc le coût de transport et de fret vers Marseille est 8 130 $/caisse.

Afin de tenir compte de toute éventualité, le vendeur veut assurer l'expédition pour une valeur du prix CIF plus 10%. Il est à noter que c'est une pratique assez courante : les biens sont habituellement assurés pour 110 % de leur valeur dans de telles transactions. 8 130 $/caisse x 1,1 = 8 943 $/caisse. Le coût de l'assurance maritime pour la protection dans un espace de chargement réfrigéré est de 1 $ pour chaque tranche de 100 $ de fret 8 943 $ /100 $ = 89,43 $ la caisse.

Le coût de l'affaire est maintenant 8130$ + 89,43$ assurance = 8219,43$/cas. Le nouveau coût par bouteille est $8219,43/cas 100 bouteilles = 82,1943$/bouteille.

Il y a aussi des frais consulaires français de 100 $ requis pour faire venir les caisses de bourbon en France. Comme une facture couvre 4 000 bouteilles de bourbon, une facture de 100 $ /4 000 bouteilles = 0,025 $ la bouteille.

Ainsi, le coût total par bouteille, y compris le coût, l'assurance et le fret est de 82,1943 + 0,025 $ = 82,2193 $ arrondi à 82,22 $ CIF (Marseille).

Par conséquent, dans cet exemple, 75 $ FOB (Lexington) = 82,22 $ CIF (Marseille), sachant que le coût par bouteille à Lexington, Kentucky est de 75 $, mais pour expédier cette commande à Marseille, France CIF le coût par bouteille augmente à 82,22 $ (en dollars américains). Ce type de conversion peut causer de la confusion dans la pratique, il est donc important de savoir comment ils peuvent influer sur les prix. Les transitaires sont habituellement une bonne ressource pour aider les expéditeurs à établir les prix de conversion.

16. Documents d'expédition :

Les documents d'expédition sont nécessaires pour fournir la preuve de l'exécution d'un contrat juridique entre un acheteur et le vendeur. Les documents d'expédition établissent une piste pour le mouvement physique des marchandises.

Ces documents aident également les intermédiaires comme les banques, les gouvernements et les agences d'inspection à vérifier l'authenticité des produits, à taxer les produits à des taux différents et à traiter les paiements aux vendeurs. Les principaux documents d'expédition utilisés dans les envois sont abordés ci-dessous :

Facture commerciale :

Le vendeur crée une facture commerciale. Ce document indique la nature des marchandises, les dimensions, le poids, les INCOTERMS (FOB, CIF,...) utilisés pour l'expédition, la devise à utiliser dans le commerce, les informations d'expédition, et les noms et adresses de l'acheteur et du vendeur.

Liste d'emballage :

Une liste d'emballage ventile l'envoi en tailles unitaires (p. ex., fûts, palettes, boîtes ou sacs). Il décompose la description fournie dans la facture commerciale et énumère les unités de marchandises qui sont physiquement emballées ensemble.

Certificat d'origine :

Certains pays accordent un accès préférentiel aux pays les moins développés ou sous-développés à des tarifs d'importation concessionnels. Dans de tels cas, l'importateur devra fournir un certificat d'origine de l'exportateur pour prouver que les marchandises ont été effectivement fabriquées dans le pays de l'exportateur. Dans la plupart des cas, ce document est délivré par la chambre de commerce du pays exportateur.

Connaissement/Lettre de transport aérien :

Le connaissement, ou lettre de transport aérien, est le document de transport principal et établit la propriété des marchandises et est utilisé comme preuve en cas de litige. Le connaissement énumère les noms et adresses de l'acheteur et du vendeur, INCOTERMS utilisés pour les termes de l'échange, les conditions du contrat de transport, le nom du transporteur, et identifie les marques de l'expédition. Les trois principales fonctions d'un connaissement sont :

- il s'agit d'un contrat qui confirme que l'expédition a été effectuée par le transporteur au nom de l'expéditeur.
- il s'agit du reçu du transporteur, pour indiquer que les marchandises ont été bien reçues de l'expéditeur.
- c'est un certificat du titre des marchandises.

Certificat d'inspection :

Lorsque l'acheteur et le vendeur souhaitent vérifier la qualité ou l'authenticité des marchandises, l'acheteur et le vendeur procéderont à des inspections indépendantes des marchandises. L'organisme d'inspection indépendant délivre alors un certificat d'inspection avec ou sans défauts notés sur celui-ci.

Certificat d'assurance :

Lorsque les acheteurs et les vendeurs utilisent les INCOTERMS CIF et CIP (Carriage and Insurance Paid : le vendeur doit payer le transport des marchandises vers la destination convenue. Par conséquent, l'acheteur doit supporter tous les risques et tous les frais supplémentaires supportés par les marchandises après la livraison.), ou si les acheteurs et les vendeurs veulent acheter une assurance indépendante de l'INCOTERMS, alors l'agence d'assurance émet un certificat d'assurance pour une petite prime. La prime est basée sur le risque pays et commercial. Les zones d'instabilité politique ont tendance à avoir les primes les plus élevées pour couvrir l'assurance.

Licences d'exportation/importation :

Certains pays interdisent ou limitent l'importation et l'exportation de certains types de marchandises. Parfois, en raison de la double nature de la technologie (p. ex., militaire et commerciale), les pays pourraient vouloir faire le commerce de certains produits avec des nations limitées. Les États-Unis interdisent l'exportation de la plupart des transformateurs haut de gamme et des produits électroniques vers de nombreux pays. D'autres pays peuvent interdire les exportations ou les importations en provenance des États-Unis en raison de préoccupations en matière de santé, de sécurité ou de géopolitique. Les exportations de volaille des États-Unis vers le Japon, la Corée du Sud et l'Union européenne ont été interdites en raison de préoccupations liées à la grippe aviaire (Whotv.com, 2014). Alternativement, la Russie a interdit les exportations de volaille des États-Unis pour des raisons géopolitiques (Rooney, 2014). Les importateurs et les exportateurs doivent vérifier à l'avance si les marchandises qu'ils souhaitent échanger sont sur une liste négative ou restreinte par l'un des pays concernés, et obtenir les licences d'exportation/importation, si nécessaire, à l'avance.

17. Identificateurs de transporteur :

Selon l'USDOT (2013), il y a plus de 500 000 entreprises de camionnage et près de 650 compagnies de chemin de fer aux États-Unis. Ces entreprises varient selon la portée géographique, les services rendus et le prix. Le marché est incroyablement complexe, ce qui signifie que les entreprises ont besoin de moyens pour faire la différence entre les transporteurs.

Transporteurs approuvés :

La plupart des entreprises autorisent au préalable les transporteurs à répondre aux critères propres à leur entreprise.

Bien que les transporteurs doivent satisfaire aux exigences de base définies par les organismes gouvernementaux américains, de nombreuses entreprises définissent des besoins particuliers et uniques pour leurs transporteurs. Si les transporteurs satisfont aux exigences en matière de transport, ils sont approuvés pour utilisation par l'entreprise.

Numéro d'autorisation d'exploitation du Department of Transportation and Interstate des États-Unis :

Les transporteurs routiers doivent se conformer à un ensemble d'exigences de base, y compris être autorisés par l'USDOT à transporter des marchandises pour la location et avoir un USDOT et avoir un numéro d'autorisation d'exploitation inter-états : Ces exigences de base fournissent l'autorisation légale d'un transporteur d'exploiter. Cela donne accès à des éléments comme la taille de la flotte d'un transporteur particulier, l'historique des accidents et les réclamations fondées sur ces chiffres par l'entremise de l'USDOT (www.safersys.org).

Standard Carrier Alpha Code SCAC:

En plus d'avoir le numéro USDOT et le numéro d'autorisation d'exploitation inter-états, un transporteur de fret aura également un SCAC. Un SCAC est un code unique de deux à quatre lettres qui identifie un transporteur de marchandises Par exemple, pour FedEx Freight le SCAC qui lui corresponde est FEXF . Les SCAC sont imprimés sur des connaissements, ainsi que sur d'autres documents d'expédition, et sont requis pour les transactions EDI. Le SCAC est particulièrement utile lorsque vous utilisez TMS (Transport Management System) pour planifier les ramassages et les livraisons de fret, ou lorsque vous utilisez un système EDI (Electronic Data Interchange) pour envoyer et recevoir des transactions, des connaissements et des paiements.

18. Services spécialisés/circonstances :

Les transporteurs de marchandises factureront souvent un montant supplémentaire pour certains services spécialisés et certaines circonstances. Ces frais sont habituellement regroupés dans une catégorie appelée frais accessoires. Les frais accessoires comprennent les frais de livraison à l'intérieur, les frais supplémentaires pour les zones encombrées, les frais de détention et de surestarie et les frais supplémentaires pour le prix du carburant. La plupart des TMS peuvent aider le personnel de transport à suivre ces frais.

L'assurance transport est un autre facteur important que le personnel de transport doit garder à l'esprit. Bien qu'on s'attende à ce que les sociétés de transport souscrivent un certain montant d'assurance, cette couverture est habituellement assez limitée. Par conséquent, le personnel d'expédition/transport peut acheter une couverture supérieure au montant offert par le transporteur. Dans le cas des envois internationaux, par exemple, il est courant que l'expéditeur assure les marchandises à 110 % de leur valeur réelle. En règle générale, cette assurance couvre les marchandises en transit et les marchandises qui peuvent être entreposées temporairement au cours du transit.

Facteurs déterminants des tarifs marchandises :

Une fois que le personnel des transports aura une liste de transporteurs approuvés, il déterminera quel transporteur recevra le fret sur une voie géographique donnée. Bien que plusieurs facteurs jouent un rôle dans cette décision finale, le coût est une considération primordiale. Les différents modes de transport ont des modèles de tarification différents. Cependant, les modèles de prix ont les mêmes caractéristiques de base pour déterminer les tarifs marchandises. Les tarifs proposés sont habituellement fonction de trois attributs : la distance, les caractéristiques du produit et les services spécialisés ou les circonstances. Les tarifs sont généralement établis en fonction du Centweight (c.-à-d. 100 livres).

Distance :

Par exemple, le fret aérien fonctionne sur la base de la tarification zone à zone, ce qui signifie que l'origine et la destination seraient regroupées en certaines zones. L'expéditeur paiera le tarif interzone entre ces zones. Une idée similaire est appliquée dans le camionnage, mais sous un nom différent. Dans le secteur du camionnage et du fret automobile, le regroupement des origines et des destinations en zones est effectué au moyen de points de base tarifaires. Un point de base tarifaire est le principal point d'expédition dans une zone de chalandise. Pour faciliter le calcul, les transporteurs routiers supposent que les points d'origine et de destination dans la zone de chalandise sont les mêmes que le point de base tarifaire. Ils citent ensuite les taux en fonction d'un point de base de taux à un autre point de base de taux. Ainsi, les tarifs proposés ne sont pas exactement basés sur le kilométrage, bien qu'ils soient proches.

Caractéristiques du produit :

L'industrie du transport routier utilise un système de classification du fret pour déterminer les tarifs du fret. Bien que ce système soit disponible pour les transporteurs TL et LTL, il est beaucoup plus courant de le voir dans le fret LTL que dans le fret TL. Certains produits ont besoin de plus de soins, ou d'une plus grande prudence, pendant leur transport. Les transporteurs s'attendent à être indemnisés à un taux plus élevé pour ces produits que pour les produits qui nécessitent moins de soins.

Les quatre critères que les transporteurs utilisent habituellement pour déterminer ces classes tarifaires sont les suivants :

- densité.
- conservation.
- manipulation.
- responsabilité.

Sur la base de ce système, le fret peut être classé en 18 catégories identifiées par une valeur numérique comprise entre 50 et 500. Une cote de classe inférieure équivaut à un prix inférieur. Les marchandises de faible valeur, qui sont faciles à manipuler, peu susceptibles d'être endommagées et denses, recevront des cotes de classe inférieures à celles des marchandises coûteuses, légères et volumineuses, qui sont plus susceptibles d'être endommagées. Parfois, les transporteurs permettent aux expéditeurs de regrouper différentes classes tarifaires en une classe principale (c.-à-d. FAK). La classification FAK : Freight All Kinds facilite le calcul et la tenue de dossiers pour les transporteurs. De plus, la plupart des transporteurs offriront un rabais sur le taux proposé (habituellement entre 20 % et 50 %) en fonction des catégories de pondération ou de taux.

19. Optimisation modale :

La première approche pour gérer les dépenses de transport est une bonne négociation. Le marché des services de transport n'est pas différent du marché des voitures d'occasion ou des maisons neuves. Les entreprises paient rarement le prix de l'autocollant. Le taux proposé ou le taux de base n'est habituellement qu'un prix de départ pour la négociation. Les approches courantes du personnel de transport pour réduire les coûts sont la négociation autour de la classification FAK et l'actualisation. Un transporteur qui fournit une classe FAK inférieure pour le fret consolidé offre généralement une meilleure affaire. En outre, des volumes plus importants de fret promis seront offerts de meilleurs tarifs.

Il existe d'autres approches que le personnel de transport peut adopter pour réduire les coûts de transport. La plupart d'entre eux tentent d'utiliser les modes de transport les plus efficaces disponibles et relèvent d'un domaine émergent appelé optimisation modale. Cette partie couvre les développements passionnants dans l'optimisation modale.

Merge In Transit :

L'idée de base derrière la Merge In Transit (MIT) est simple : livre pour livre. Étant donné que les gros envois (les envois TL) sont plus rentables que les plus petits (les envois LTL), il peut être financièrement gratifiant pour le personnel de transport de trouver d'autres entreprises disposées à partager les coûts d'expédition. Dans un système MIT, les expéditeurs à plus faible volume peuvent accepter de fusionner leur fret à un point de fusion central pour une expédition ultérieure. Le système fonctionne mieux lorsque plusieurs fournisseurs pour le même client final sont en mesure de coopérer. Parfois, les clients finaux peuvent en fait encourager les fournisseurs à chercher des occasions de MIT pour réduire le nombre d'envois entrants.

Distribution regroupée :

L'idée derrière la distribution en commun est exactement le contraire de MIT. Dans un tel système, le personnel d'expédition et de transport tentera de maintenir les gros volumes d'envois jusqu'au plus tard dans le cycle de livraison possible. Au lieu d'expédier directement de l'usine ou de l'entrepôt au client final, le personnel tentera d'expédier des marchandises sur des remorques groupées, des terminaux régionaux ou des quais croisés. Lorsque les marchandises atteignent ces endroits, elles seront déchargées, triées et chargées sur des camions de livraison plus petits pour la livraison du dernier kilomètre.

Programmes Drop Trailer :

Un règlement clé en matière de transport, en particulier le transport motorisé (c.-à-d. TL et LTL), traite des HOS (les heures de services). Les heures qu'un conducteur ne conduit pas sont sans valeur ajoutée pour le transport de marchandises. Par conséquent, les entreprises de transport ont conçu des programmes de semi-remorque pour les gros clients afin de minimiser les temps d'arrêt. Au lieu d'apporter une remorque à recharger, un chauffeur laisse une remorque vide à l'installation de l'expéditeur. Lorsque la remorque est prête pour le ramassage, le conducteur apporte son tracteur au centre de distribution et ramasse la remorque chargée. En même temps, le conducteur peut déposer une autre remorque vide. Donc, essentiellement, le chauffeur ramasse une remorque chargée et en laisse une vide à l'usine de l'expéditeur. Grâce à cette méthode, le processus de chargement en direct est éliminé et réduit le temps d'attente pour les conducteurs, ce qui élimine les frais accessoires coûteux. De plus, les expéditeurs peuvent charger la remorque à leur convenance. Cela permet également d'assurer une circulation efficace des matériaux dans les entrepôts et peut éliminer le besoin d'espace dédié au sol et de points de contact, réduisant ainsi la probabilité de dommages aux produits.

20. Optimisation des transports et des itinéraires :

D'autres fonctions d'optimisation jouent un rôle important dans le secteur des transports, mais elles ne sont pas immédiatement évidentes. Parfois, ces fonctions sont cachées sous tant de couches d'applications, de nombreux utilisateurs finaux ne réalisent même pas qu'elles sont présentes. La modélisation et l'optimisation des routes est l'une de ces applications. Les systèmes de modélisation et d'optimisation des itinéraires tentent d'éliminer le plus de déchets ou d'activités non valorisées possible du processus. Ces systèmes tentent d'optimiser le résultat du coût donné pour l'utilisateur final. Ces systèmes répondent à des questions très fondamentales pour un gestionnaire des transports : qu'est-ce qui devrait être déplacé, d'où devrait-il aller, et vers où devrait-il aller?

Les optimiseurs de transport sont en constante amélioration, et les algorithmes qu'ils exécutent sont généralement propriétaires. Les TMS utilisent trois facteurs importants : les variables décisionnelles, les contraintes et les objectifs.

Variables de décision :

Les variables de décision sont des attributs que l'utilisateur final ou le personnel de transport peut contrôler. Par exemple, si une entreprise a plusieurs sites de fabrication, le personnel de transport peut être en mesure de contrôler le volume de fret expédié d'un endroit par rapport aux autres. Le personnel de transport peut décider que la méthode la plus optimale pour servir le client final est d'expédier les marchandises commandées d'un endroit. Alternativement, le personnel de transport peut décider de séparer les commandes sortantes de plusieurs endroits.

Contraintes :

Le personnel des transports a peu ou pas de contrôle sur les contraintes. Par exemple, quand un client commande une certaine quantité de marchandises, la quantité de commande est une contrainte. Le personnel de transport peut ne pas se soucier de l'endroit d'où les marchandises sont expédiées, mais la commande doit être remplie à temps et en entier.

De même, le kilométrage entre deux points est une contrainte, parce que ce n'est pas quelque chose que le personnel peut influencer de quelque façon que ce soit. Une métrique commune est tonne-miles : Si un fret pesant une tonne il se déplace un mile, il est dit avoir voyagé une tonne-mile. Les tonnes-milles sont une mesure de la distance totale couverte par le fret sortant (ou entrant) pour une entreprise.

Objectifs :

L'objectif est la principale priorité pour le personnel des transports. Par exemple, les principaux intérêts comprennent la réduction du total des frais d'expédition, la réduction des coûts totaux ou une combinaison des deux. De plus, les priorités peuvent consister à maximiser le nombre de commandes à temps et de commandes complètes.

La modélisation des itinéraires et l'optimisation des systèmes de transport aident le personnel de transport à choisir la combinaison optimale de variables de décision de manière à s'assurer que les objectifs sont atteints (ou se rapprochent le plus possible) tout en respectant le plus grand nombre de contraintes possible.

Conclusion générale

En guise de conclusion, la gestion de la supply chain n'est pas évidente mais elle est indispensable pour être plus rentable et plus efficace. Nous avons vu dans ce livre tous les aspects de la supply chain et ses fonctions principales allant de Demand Planning arrivant aux opérations de transport.

Pour réussir sa gestion de supply chain, l'entreprise doit être en mesure d'optimiser toutes les fonctions et les activités de sa chaîne d'approvisionnement. Nous avons découvert que le Demand Planner doit assurer les prévisions de ventes pour optimiser les processus de production, d'approvisionnement et de gestion des stocks afin de réduire les coûts de la chaîne d'approvisionnement et d'assurer la disponibilité des produits. Le Demand Planning est le point de départ qui déclenche les autres activités de la supply chain c'est pourquoi il faut bien maîtriser les facteurs impactant la demande pour être le plus dans les prévisions. Par la suite, nous arrivons à la gestion d'approvisionnement, le rôle dans cette activité est de réduire les coûts d'approvisionnement en appliquant des stratégies rentables et être un bon négociateur avec ses fournisseurs pour optimiser les coûts. La gestion de production est l'étape après l'approvisionnement des matériaux et des matières premières. Appliquer les méthodes et les techniques qui permettent d'optimiser les coûts de production est indispensable. La planification et l'ordonnancement de la production est la clé pour l'organisation et le bon déroulement des activités de la fabrication des produits. De surcroît, nous avons vu l'importance et les différents types d'entreposage. Le défi de l'entreprise est de réduire les coûts de stockage et bien maîtriser l'emplacement des produits. Enfin, la gestion de transport qui a pour rôle d'optimiser les coûts de transport tout en respectant les lois commerciales et en assurant la sécurité des conducteurs.

Bref, la supply chain est un ensemble des activités qui regroupe des services qui doivent collaborer et coordonner dans l'objectif de réduire les coûts de l'entreprise pour lui permettre d'être plus rentable.

Références bibliographiques

1. Bourbonnais, R. (2001), *Prévision des ventes*. Université de Paris-Dauphine. 90 p.

2. Dima, I.C, *Industrial Production Management in Flexible Manufacturing Systems*, 2013.

3. Edward, H, Supply Chain Strategy, 2001.

4. Monczka, M, *Purchasing and Supply Chain Management*, 2005.

5. R. Jangga, N. M. Ali, M. Ismail, et N. Sahari, « Effect of Environmental Uncertainty and Supply Chain Flexibility Towards Supply Chain Innovation: An exploratory Study », Procedia Econ. Finance, vol. 31, no Supplement C, p. 262-268, 2015.

6. Savard, G, La Gestion de L'approvisionnement, 1998.

7. Younes, 2017, A novel Gini index-based evaluation criterion for image segmentation, Optik - International Journal for Light and Electron Optics.

www.ingramcontent.com/pod-product-compliance
Lightning Source LLC
Chambersburg PA
CBHW052355220526
45465CB00003BA/1122